2021
월급쟁이
부자들 가계부

쓰기만 해도 돈이 모이는
초간단 재테크

2021
월급쟁이 부자들 가계부

월급쟁이 부자들 카페
지음

위즈덤하우스

PART 1
월급쟁이 부자를 향한 첫걸음

왜 가계부를 써야 할까

가계부를 쓰기 전에 알아야 할 것

언제 가계부를 써야 할까

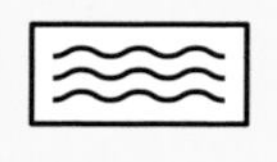

ART 2
급쟁이 부자가 되는
관 키우기

PART 3
꿈을 이뤄주는 2021 월급쟁이
부자들 가계부 쓰기

PART 1

월급쟁이 부자를 향한 첫걸음

왜 가계부를 써야 할까

월급쟁이도 부자가 될 수 있을까? 많은 사람들이 고민하며 던지는 질문입니다. 취직만 하면 좋은 옷, 좋은 차, 좋은 집이 금방 내 것이 될 것 같던 때도 있었습니다. 하지만 실전은 그리 녹록하지 않았지요. 나보다 오래 회사를 다닌 선배들을 둘러봐도 대부분 돈 걱정에 골머리를 앓고 있었죠. 그렇다면 월급쟁이는 영영 부자가 될 수 없는 것일까? 그렇게 사회생활을 하며 주변 사람들이 살아가는 모습을 관찰하다 보니 서로 다른 모습을 확인할 수 있었습니다.

월급은 통장을 스쳐갈 뿐? No!

흔히 '티끌은 모아도 티끌이다', '월급은 통장을 스쳐가는 것이다'라고 합니다. 물론 아주 틀린 말은 아닙니다. 하지만 그렇게 생각하고 아무 준비도 하지 않으면 미래에도 달라지는 것은 아무것도 없습니다. 주위 사람들 중에는 월급을 버는 족족 카드값으로 고스란히 바치는 사람이 있는가 하면, 언젠가 만들어질 태산을 위해 차곡차곡 돈을 모아가는 사람도 있었습니다. 돈을 쓰는 방식에서도 차이가 납니다. 똑같이 지출을 하더라도 단순히 먹고 노는 데 흥청망청 돈을 써버리는 사람이 있는가 하면 자기 계발을 위한 교육이나 생활을 윤택하게 하는 소비를 하는 사람이 있습니다.

미래를 위한 투자에서도 패턴은 극명하게 갈립니다. 아무 정보나 근거도 없이 욕심만으로 투기를 하는 사람이 있는 반면, 주식 한 주를 사더라도 신중하게 따져보고 투자하는 사람이 있습니다.

모두 같은 출발선에서 시작했지만 이 사람들의 내일은 전혀 다른 모습이 될 것입니다. 아무 준비도 갖추지 못한 사람은 그저 하루하루 살아가기도 바쁜 탓에 노후가 걱정될 것이고, 조금 힘겹더라도 차곡차곡 준비를 해온 사람은 희망적인 노후를 기대할 것입니다. 결국 돈을 대하는 태도, 그리고 목표 설정이 중요합니다. 당신은 어느 쪽에 속하나요? 그리고 어느 쪽에 속하고 싶나요? 어제까지의 삶은 중요하지 않습니다. 지금 새롭게 시작하면 얼마든지 좋은 내일을 맞이할 수 있으니까요.

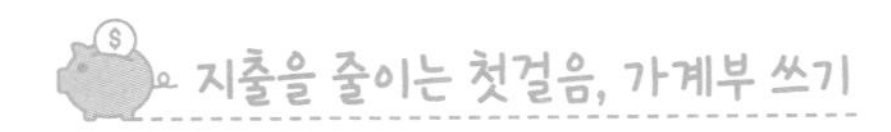

돈을 모으려면 어떻게 해야 할까요? 돈을 모으는 방법은 간단합니다.

들어오는 돈 > 나가는 돈

들어오는 돈, 즉 수입이 나가는 돈, 지출보다 많으면 됩니다. 많은 사람들이 자신이 돈을 적게 벌기 때문에 돈이 없다고 생각합니다. 하지만 우리가 돈이 없는 것은 단지 적게 벌기 때문만은 아닙니다. 물론 수입이 많으면 좋지만, 우리가 원하는 대로 당장 월급을 올릴 수도 없는 일이지요. 사실 돈을 모으지 못하는 가장 큰 이유는 돈을 모아서 무엇을 어떻게 하겠다는 목표도 제대로 세우지 않고, 기억도 제대로 나지 않는 자잘한 것에 쉽게 돈을 쓰기 때문입니다. 즉 새어나가는 돈을 막지 못하는 것입니다. 돈

은 의식하고 지출을 통제하지 않으면 쉽게 주머니에서 빠져나가고 맙니다.

우리 힘으로 들어오는 돈을 바로 키우는 것은 한계가 있습니다. 이런 상황에서 우리가 돈을 모을 수 있는 방법은 결국 나가는 돈을 막는 것입니다. 월급쟁이가 부자가 되기 위해서는 지출을 줄이고 푼돈을 모아 종잣돈 만드는 것을 우선순위로 두어야 합니다. 그 첫걸음이 바로 가계부를 작성하는 것입니다.

가계부를 쓰다 보면 돈의 흐름을 한눈에 볼 수 있습니다. 현재 수입은 얼마인지, 어느 부분의 지출이 가장 큰지, 지금의 소비 형태에서 바꿀 수 있는 부분은 무엇인지 등을 꼼꼼히 살펴볼 수 있는 것이지요. 이렇게 돈에 대한 흐름을 파악하고 통제력을 갖추면 우리 집 경제에 커다란 변화가 일어납니다.

주변 사람들에게 가계부를 쓰라고 권유하면 이런 대답이 돌아옵니다.

"카드 사용 내역이 다 문자로 오는데 뭐……."

"큰돈도 아닌데 가계부 쓴다고 별 차이 있겠어?"

하지만 내가 생각하는 나의 소비와 실제로 이루어진 소비의 차이는 분명히 존재합니다. 그리고 생각보다 큰 차이가 있습니다. 우스갯소리로 '1,000원, 2,000원 모아서 200만 원 만드는 건 너무 힘든데, 1,000원, 2,000원 쓰면서 카드값 200만 원 되는 건 왜 이렇게 쉽지?'라는 얘기가 있습니다. 심지어 카드 사용 내역을 보면서도 언제 어디에서 쓴 돈인지 몰라서 고심해본 적, 다들 있지 않나요? 그러다 보면 이번 달에 생활비로 90만 원 정도 썼다고 생각하지만 실제로는 100만 원, 120만 원이 넘는 금액을 사용하기 일쑤입니다. 이런 상황이 반복되다 보면 돈이 모이기는커녕 수입보다 지출이 많은 적자 상태에 이를 수도 있습니다.

가계부를 쓰면 이런 위험을 방지할 수 있습니다. 언제 어디서 얼마나 지출했는지를 투명하게 확인할 수 있고, 불필요한 돈이 어디에서 새고 있는지 알 수 있습니다. 이렇게 새는 돈만 조금씩 줄여도 목돈을 만드는 데 큰 도움이 됩니다.

가계부는 쓸수록 돈이 모이는 가장 쉬운 재테크입니다. 쓰기만 해도 계획적인 소비와 지출 관리가 가능한 가계부 재테크, 오늘부터 시작해볼까요?

가계부를 쓰기 전에 알아야 할 것

가계부는 어떻게 써야 할까요? 지금까지 가계부를 한 번도 안 써보신 분도 있을 것이고, 쓰려고 했지만 끝까지 쓰지 못하고 중도 포기했던 분도 있을 것입니다. '올해는 꼭 가계부를 써야지!' 하는 다짐을 하지만 몇 달 쓰지 못하고 멈추곤 합니다. 가계부 쓰기, 왜 이렇게 힘든 걸까요? 무엇이 문제일까요?

한편 꼬박꼬박 수입과 지출을 기록하는 지인도 있습니다. 그런데 열심히 가계부를 기록해도 나아지는 게 없다고 하소연을 합니다. 그러다 보니 가계부를 쓰는 보람도 느끼지 못하고 포기하게 되곤 합니다. 왜 이런 일이 일어날까요?

가계부를 쓰기 어렵거나 가계부를 써도 기대한 효과를 거두기 어려운 이유는 '가계부를 쓰는 목표'와 '가계부를 쓰는 방법' 때문입니다. 가계부를 쓰는 것은 현재의 문제점을 개선하고 티끌 모아 태산을 쌓기 위함입니다. 그런데 가계부를 왜 써야 하는지 명확한 목표 없이 기계적으로 숫자만 적는 것은 목적지 없이 바다 위를 둥둥 떠다니는 배 위에서 매일 날씨를 기록하는 것과 같습니다.

가계부를 쓰는 방법도 중요합니다. 열심히 가계부를 쓰기만 하고 덮어버리면 아무 의미도 없습니다. 매주, 매달, 분기별로 수입과 지출의 흐름을 살펴보고 개선책을 고민해야 합니다. 공부에서 복습이 중요한 것과 마찬가지입니다. 목표도, 피드백도 없이 막연히 가계부를 쓰다 보면 자꾸만 중간에 포기하는 악순환을 겪게 됩니다. 그렇다면 포기하지 않는 가계부 쓰기, 올바른 가계부 쓰기를 위한 준비 단계를 살펴볼까요?

STEP 1. 현재 우리 집 자산 파악하기

제대로 가계부를 쓰고 이를 통해 돈을 모으겠다고 마음을 먹었다면, 가계부를 쓰기 전에 현재 우리 집의 자산을 먼저 파악해야 합니다. 지금 우리 집의 저축 금액은 어느 정도인지, 주택 대출이나 자동차 할부금 같은 부채가 어느 정도인지, 부동산 상황은 어떤지 총 자산에 대해 정확히 알고 있어야 합니다. 그래야 이를 바탕으로 명확한 목표를 세울 수 있습니다.

예를 들어 김월급 씨 가정을 살펴보겠습니다. 김월급 씨와 박쟁이 씨는 30대 맞벌이 부부입니다. 이 부부의 현재 자산 상태를 살펴볼까요?

항목		금액	내용
금융 자산	적금	1,500만 원	100만 원씩 1년 3개월(15개월) 납입(3년 만기)
	주택청약종합저축	400만 원	10만 원씩 3년 4개월(40개월) 납입
	예금	500만 원	생활비 및 카드 대금 결제용
	주식	500만 원	우량주 위주로 조심스럽게 시작!
	합계	**2,900만 원**	
부동산	전세	**2억 8,000만 원**	
부채	전세자금대출	1억 2,000만 원	매달 120만 원씩 상환 중
	자동차 할부금	1,800만 원	매달 90만 원씩 상환 중
	합계	**1억 3,800만 원**	
총자산		4억 4,700만 원	
순자산		3억 900만 원	

※ 총자산은 부채를 포함한 자산의 합, 순자산은 총자산에서 총부채를 뺀 값입니다.

먼저 금융자산을 보면 적금, 주택청약종합저축, 예금, 주식 등 다양하게 보유하고 있고, 현재 모은 금액은 총 2,900만 원입니다. 부동산은 전세로 2억 8,000만 원인데, 대출이 1억 2,000만 원으로 매달 120만 원씩 상환 중입니다. 다른 부채로는 자동차 할부금이 1,800만 원이 있네요. 즉 매달 전세자금대출 120만 원과 자동차 할부금 90만 원씩, 총 210만 원의 상환금이 지출됩니다.

그렇다면 김월급 씨네 부부의 총자산과 순자산은 얼마일까요? 총자산은 부채를 포함한 자산의 합이고, 순자산은 총자산에서 총부채를 뺀 값입니다. 즉 금융자산, 부동산, 부채를 모두 더한 총자산은 4억 4,700만 원이고, 여기에서 총부채를 뺀 순자산은 3억 900만 원이 되겠습니다. 이렇게 현재 우리 집의 자산을 먼저 파악하고 있어야 한 해 목표를 구체적으로 세울 수 있습니다.

STEP 2. 2021년 한 해 목표 세우기

현재 우리 집 자산 상태를 파악했다면 이제는 목표를 세울 차례입니다. 가계부 쓰기는 목표를 세우는 것에서 시작됩니다. 명확한 목표 없이 수입과 지출만 적는 것은 골인 지점이 없는 달리기와 같습니다. 목적지가 없으니 언제 이 길이 끝날지 알 수 없고 점차 막연하고 막막해집니다.

목표는 아주 간단한 것이라도 괜찮습니다. 하루에 천 원씩 저축하기, 일주일 외식비 10만 원 넘기지 않기, 한 달에 한 번은 통장 정리하기 등 간단하고 실천 가능한 것부터 목표를 세워보세요.

앞에서 살펴본 김월급 씨 부부는 현재 매달 100만 원씩 붓고 있는 적금 외에 비상금으로 2021년 말까지 500만 원 정도를 추가로 모으고 싶습니다. 2022년에 유난히 가족 행사가 많기 때문이지요. 12개월 동안 500만 원을 모으려면 매달 42만 원 정도를 모아야 합니다. 이렇게 생각하면 좀 더 목표를 구체적으로 세울 수 있습니다. 김월급 씨 부부는 매달 40만 원씩 납입하는 적금을 추가로 가입하고 보너스가 나오는 달에는 50만 원씩 입금하여 500만 원을 채우기로 목표를 세웠습니다. 물론 추가로 저축할 40만 원을 마련하기 위해 지출을 줄이는 방법도 고민해야겠지요. 김월급 씨네 부부는 이 부분을 어떻게 해결할 수 있을까요?

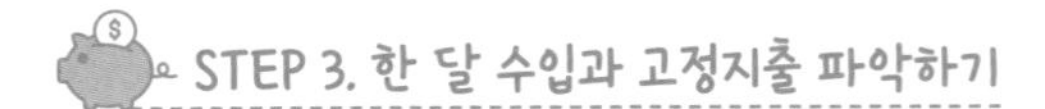

STEP 3. 한 달 수입과 고정지출 파악하기

'월급이 통장을 스쳐 간다'는 말은 너무 많이 들어서 이제는 당연한 말처럼 느껴질 정도입니다. 하지만 한 달 동안 열심히 일해 번 월급을 그저 스쳐 지나가게 하는 것은 너무 아깝지 않나요? 도대체 월급이 왜 이렇게 순식간에 사라지는지, 어디로 흘러가는지, 최소한 경로는 알 필요가 있습니다. 돈 관리는 돈의 흐름을 아는 것이 무엇보다 중요하기 때문입니다.

수입과 지출의 구조는 간단합니다. 간단히 말해 수입은 들어오는 돈, 지출은 나가는 돈입니다. 수입의 가장 대표적인 것은 고정적인 월급일 것이고, 그 외에 보너스, 저축이자 등 비정기적인 수입도 있을 수 있습니다. 지출은 크게 대출금, 보험료, 교육비 등 일정하게 나가는 고정지출과 식비, 문화비, 유흥비 등의 변동지출로 나눌 수 있습니다. 고정지출과 변동지출을 합친 지출의 총합계는 수입액과 같게 되겠지요.

계속해서 김월급 씨 부부의 수입과 지출 구조를 살펴보겠습니다. 먼저 수입을 살펴볼까요? 김월급 씨는 매달 300만 원, 박쟁이 씨는 매달 280만 원의 월급이 들어옵니다. 이 가계의 한 달 총 수입은 580만 원이네요. 반면 지출은 매달 적금이 100만 원, 주택청약저축이 10만 원, 전세자금대출이 120만 원, 자동차 할부금이 90만 원씩 고정적으로 나가고 있습니다. 이 외에 보험료가 50만 원, 평균 관리비 30만 원, 평균 공과금 15만 원, 통신비(인터넷, 핸드폰 요금) 15만 원이 꾸준히 나가는 금액입니다. 그 외에 장을 보거나 외식을 하는 식비, 생활용품, 아이 옷과 장난감, 부부의 용돈 등 소비 지출이 평균 150만 원입니다. 간단히 표로 살펴볼까요?

수입		지출	
김월급의 월급	300만 원	대출금(전세자금대출+자동차 할부금)	210만 원
박쟁이의 월급	280만 원	저축(적금+주택청약저축)	110만 원
		보험료 외 고정지출	110만 원
		식비 외 소비 지출	150만 원
합계	**580만 원**	합계	**580만 원**

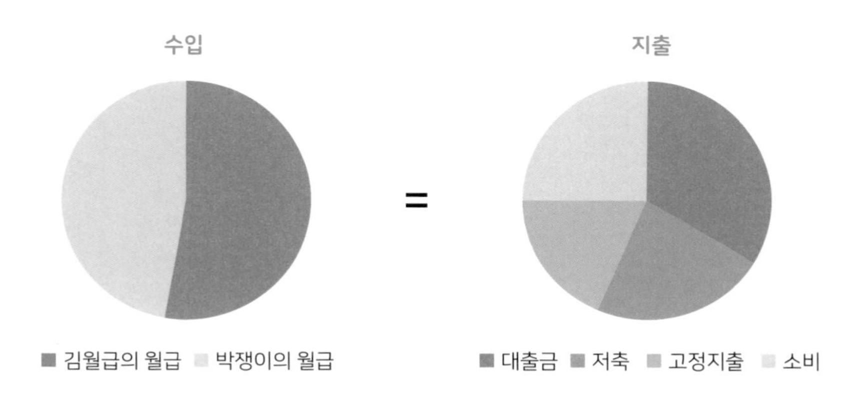

앞에서 김월급 씨 부부는 2021년의 목표로 '가족 행사에 사용할 500만 원 모으기'를 세웠습니다. 지금 지출 구조에서 매달 40만 원의 추가 적금을 부을 방법은 무엇이 있을까요? 고민 끝에 부부는 외식비에서 20만 원, 각자 용돈에서 5만 원씩, 아이 옷과 장난감 구입비에서 10만 원을 줄이기로 했습니다.

이처럼 돈을 모으려면 내 통장에 돈이 언제 얼마나 들어오는지, 지출되는 돈은 얼마나 되는지, 목돈을 써야 할 일이 얼마나 남았는지, 생활비로 쓰는 돈은 얼마나 되는지와 같이 굵직한 돈의 흐름을 꿰고 있어야 합니다. 가계부를 쓰기 전 한 달 동안의 총수입액과 저축액, 지출액을 꼭 정리해보기 바랍니다. 카드 승인 내역과 통장 거래 내역을 참고하면 보다 편리하게 지출액을 파악할 수 있습니다.

자신의 입출금 내역을 정리해본 사람들은 대부분 낭비되고 있는 금액이 생각보다 훨씬 크다는 사실에 놀랍니다. 김월급 씨네 부부는 다달이 저축도 하고 있으니 양호한 편이라고 하겠지요. 실제로는 한 달에 조금도 저축하지 못하는 집도 많습니다. 그야말로 들어오는 족족 나가는 '스쳐 가는 월급'인 셈이지요. 하지만 지출 내역을 꼼꼼히 살펴보면 분명히 불필요한 소비가 있고, 아낄 수 있는 돈이 있습니다.

더 이상 후회만 하고 있을 시간은 없습니다. 이제부터 해야 할 일은 소비를 관리하여 지출을 줄이고 저축액을 늘리는 것입니다. 지금 생활비를 평균 200만 원씩 쓴다고 할 때, 매달 20만 원씩만 아끼고 저축해도 10%의 수익률을 얻는 것과 같습니다. 적은 금액 같지만 요즘 같은 저금리 시대에 10%는 결코 적은 게 아닙니다. 당장 수입을 늘릴 수 없는 상황에서 지출을 관리하는 것은 그 어떤 것보다 효과적인 재테크 방법입니다.

《2021 월급쟁이 부자들 가계부》 사용 순서

STEP 1. 현재 우리 집 자산 파악하기

지금 우리 집의 자산과 부채 규모를 먼저 파악하세요.
저축은 얼마나 했는지, 갚아야 할 돈은 얼마나 남았는지 순자산과 총부채를 파악하면,
좀 더 장기적인 계획과 올 한 해 계획을 세울 수 있습니다.

STEP 2. 2021년 한 해 목표 세우기

2021년 한 해 동안의 목표를 구체적으로 세워보세요.
처음부터 너무 무리한 계획보다는 할 수 있는 수준의 목표가 더 좋습니다.
목표 자체보다는 목표를 실행하는 것이 더욱 중요하니까요.

STEP 3. 한 달 수입과 고정지출 파악하기

한 달에 들어오는 총수입과 나가는 고정지출을 파악하면
여유 자금 계획을 보다 구체적으로 세울 수 있습니다.
수입과 지출 구조를 세심히 살펴보면 분명히 새어나가는 돈이 있습니다.

STEP 4. 예산 잡기

한 달 단위로 수입과 고정지출, 돌발지출 등을 체크해보고
저축액과 지출 목표액을 정해보세요.
처음에는 막막해도 한 번 예산을 잡아두면 다음 달부터는 점차 수월해집니다.

STEP 5. 가계부 쓰기

하루의 수입과 지출 내역을 기록하세요.
카드 사용 내역은 문자나 카드사 어플을 이용해 확인할 수 있고
현금을 쓴 내역은 핸드폰 메모장에 바로바로 기록해두었다가 정리하면 편리합니다.

STEP 6. 결산하기

예산을 잡고 매일 가계부를 쓰는 것만큼이나 중요한 과정입니다.
한 주가 끝나면 주간 결산을, 한 달이 끝나면 월간 결산을 하여
예산대로 계획에 맞게 지출했는지, 초과했다면 어느 항목을 줄여야 할지 찾아보세요.

언제 어떻게 가계부를 써야 할까

'월급쟁이 부자들' 카페를 찾는 많은 분들이 어떻게 해야 가계부를 꾸준히 쓸 수 있는지 방법을 궁금해합니다. 가계부는 습관화되지 않으면 매일 작성하기에 시간과 노력이 많이 듭니다. 어린 시절 방학 일기처럼 하루 이틀만 밀려도 흐지부지되기 쉽고, 오히려 가계부를 써야 한다는 생각 자체가 스트레스가 되기도 합니다.

사실 가계부는 '꼼꼼히' 작성하기보다는 '꾸준히' 작성하는 것이 중요합니다. 그러니 이제부터는 가계부를 작성할 때, 조금 다른 마음가짐을 가져야 합니다.

하루 결산: 매일 쓰는 입출 내역과 주요 체크 항목

가계부를 작성할 때 세 가지 원칙이 있습니다. 첫째, 지출 항목은 간단하게 기록합니다. 가계부를 작성할 때 흔히 저지르는 실수가 지출 내역을 너무 꼼꼼하게 적는 것입니다. 항목을 지나치게 세분화하여 정리하다 보면 금방 지치기 쉽습니다. 지출 항목을 자세히 적으려고 애쓰기보다는 큰 항목으로 묶어서 기록하는 게 좋습니다. 마트에서 물건을 샀다면 구매한 상품을 일일이 적기보다 내역에 따라 크게 '식비', '생활용품' 등 대분류로 묶는 편이 좋습니다. 장본 물품 대부분이 식재료이고 한두 개가 다른 물품이라면 간단히 '식비'로 총액을 적는 것이지요. 조금 더 꼼꼼히 적고 싶다면 다른 물품을 하나로 묶어 '생활용품'으로 구분하는 정도면 충분합니다. 품목 각각의 금액을 확인하고 싶다면 영수증을 가계부 한쪽에 붙여두거나 사진으로 찍어 보관하는 것도 좋은 방법입니다.

둘째, 지출 후에 바로 메모해둡니다. 바쁜 하루를 보내고 저녁에 가계부를 쓰려고 하는데 오늘 무슨 소비를 했는지 기억이 나지 않아 난감할 때가 있습니다. 이런 문제는 돈을 쓴 후에 바로 내역을 메모해두면 해결할 수 있습니다. 카드로 결제하면 사용 내역을 문자로 받을 수 있지만, 보통 사용처만 나오고 소비 항목은 써 있지 않는 경우가 대부분입니다. 이럴 경우를 대비하여 핸드폰 메모 어플이나 카카오톡 나와의 채팅 등에 간략히 내역을 적어두면 편리합니다. 영수증 사진을 찍어두는 것도 한 방법입니다. 카페나 식당에서 주문한 음식이 나오길 기다리는 동안, 엘리베이터를 타고 이동하는 동안 충분히 할 수 있는 일입니다.

셋째, 하루 5분만 평가 시간을 갖습니다. 피곤한 와중에 가계부를 기록하는 것만 해도 쉬운 일은 아닙니다. 그럼에도 정리가 필요한 이유는 더 나은 소비 습관을 만들기 위해서입니다. 공부에도 복습이 중요하듯 가계부를 쓸 때도 복습이 무척 중요합니다. 가계부를 쓴 뒤 지출 내역을 훑어보고 합리적인 소비였는지, 불필요한 소비였는지 점검해보세요.

'행사 상품이라기에 샀는데 집에 와서 보니 굳이 안 사도 되는 거였네.'

불필요한 소비를 했다면 반복하지 않도록 메모를 해둡니다. 간단한 평가만으로도 자신의 소비 패턴을 되돌아볼 수 있고 개선할 수 있습니다.

가계부를 매일 쓰지 못하거나 며칠 밀렸다고 해서 포기할 필요는 없습니다. 만약 그날 다른 일이 있어 가계부를 쓰지 못하거나 깜빡 잊어버렸다고 해도 걱정하지 마세요. '매일 쓰는 것' 자체가 중요한 것이 아니라 2, 3일에 한 번씩이라도 기록을 해나가며 꾸준히 습관을 들이는 것이 더욱 중요합니다. 가계부 쓰기는 숙제가 아니라 좋은 미래를 위한 투자라는 것, 잊지 마세요.

주간 결산: 일주일의 입출 내역과 주요 체크 항목

일주일 동안 가계부를 쓴 뒤에는 주간 결산을 합니다. 정기적으로 할 수 있다면 언제 해도 상관없지만 아무래도 일요일에 하는 것이 여러모로 편리하겠지요. 일요일 저녁에 15분 정도 시간을 내어 이번 주 예산 금액과 실제 지출 금액을 살펴보고, 항목별 비용도 정리해봅니다. 또 일주일 간 소비했던 내용 가운데 불필요한 지출은 무엇이었는지 점검합니다. 하루 결산 때는 효율적인 소비라고 생각했던 것이 며칠 뒤에는 불필요한 소비로 평가가 바뀌기도 합니다. 처음에는 좋아 보였지만 금세 괜히 샀다고 후회하는 일은 누구에게나 흔한 일이지요. 하루 결산 때 적어두었던 메모도 다시 살펴보고 내용을 추가하거나 보완하면 됩니다.

일주일 동안 있던 지출 내역 중에 반성할 만한 항목을 체크하고 평가한 뒤에는 다음 주 계획을 세웁니다. 중요한 일정은 없는지, 그에 따라 돌발 지출이 있을지 확인하고, 예상 수입과 지출 예산을 작성하면 됩니다.

월간 결산: 한 달의 입출 내역과 주요 체크 항목

한 달이 지나면 마지막 날에 한 시간만 투자하여 월간 결산을 합니다. 한 달 동안의 수입과 지출 내역을 정산하고 총수입액과 총지출액을 바탕으로 손익을 확인합니다. 월초에 세웠던 목표 예산과 실제 지출 금액을 항목별로 정리하고 총합으로도 따져보세요. 《2021 월급쟁이 부자들 가계부》에서는 목표 예산에 비해 얼마나 더 썼는지, 반대로 얼마나 아꼈는지 표를 통해 한눈에 확인할 수 있습니다.

전체적인 지출 내역을 확인한 뒤에는 평가하고 반성하는 시간을 갖습니다. 계획에 없던 지출이나 쓰지 않아도 되었을 지출은 없었는지 따져보고, 얼마나 아낄 수 있었는지 가늠해보세요. 또한 이번 달 소비를 줄이기 위해 목표로 세웠던 항목들을 돌아보고 셀프 피드백도 작성해보세요. 좋은 소비 습관은 이렇게 지출 내역을 살펴보고 평가하는 시간을 통해 확실하게 자리 잡을 수 있습니다.

지출 내역에 대해 평가 시간을 가졌다면 이제 다음 달 예산을 세우면 됩니다. 이번 달 수입과 지출 내역을 바탕으로 다음 달 예상 수입액과 지출 목표액을 설정하는 것입니다. 예산을 세우면서 절약할 항목도 가늠해보고, 다음 달 금전 목표도 세워보세요.

분기/반기/연간 결산: 한눈에 보는 우리 집 입출 흐름

매일, 매주, 매달 가계부를 작성하고 결산하는 것 외에 분기나 반기에 추가로 점검을 해주는 것도 좋습니다. 분기는 3개월마다, 반기는 6개월마다 하는 것인데 3개월마다 하는 것이 부담스럽다면 상반기와 하반기에 묶어서 해도 괜찮습니다. 6월 말에 1, 2분기의 수입과 지출 내역을, 12월 말에 3, 4분기의 수입과 지출 내역을 결산하고 평가하는 것입니다. 집마다 상반기와 하반기에 가족 행사 등이 몰려 있는 경우도 있고 수입이나 지출 내역이 크게 달라지는 경우도 있기 때문에 더욱 유용합니다. 특별한 변화가 없더라도 중간 점검 차원에서 현재까지의 저축액, 연초에 세운 올해의 목표 달성률 등을 살펴보세요. 지금까지 얼마나 돈을 모았는지, 목표했던 금액까지는 얼마나 남았는지 점검하면서 다시 한 번 결심을 새롭게 하는 기회가 될 것입니다.

12월 말에는 연간 결산의 시간을 갖습니다. 연간 결산은 일 년간 작성한 가계부 내역을 총 정리하는 시간입니다. 만약 반기별, 분기별 결산을 해왔다면 연간 결산 시간을 많이 절약할 수 있습니다. 연간 결산 때는 월별 내역을 한눈에 볼 수 있도록 정리하고 올해 총수입과 총지출, 손익 현황을 파악하도록 합니다. 또한 저축, 대출 내역 등을 포함해 우리 집 총 자산의 변동 사항을 정리하고, 처음에 세웠던 올해 목표를 얼마나 달성했는지 점검합니다.

연간 결산은 일 년 동안 성실하게 가계부를 써온 보람을 만끽하는 시간입니다. 그리고 새롭게 다가오는 내년의 계획을 세우는 시간입니다. 《2021 월급쟁이 부자들 가계부》를 통해 꼭 올해의 목표를 달성하고 좋은 소비 습관을 익혀 부자되시기 바랍니다.

✔ 알뜰살뜰 가계부 이렇게 쓰세요 ❶

올바른 가계부 쓰기를 위한 준비 단계

우리 집 자산 파악하기
가계부를 쓰기 전에 먼저 지금 우리 집의 자산을 파악해야 합니다.

적금, 예금, 주식 등 금융자산의 금액을 항목별로 적어보세요.

자가의 경우 현 시세 기준 금액을, 전월세의 경우 보증금을 적어보세요.

금융자산과 부동산을 제외한 기타 자산 내역을 적어보세요.

부채도 일종의 자산입니다. 현재 우리 집의 부채 내역을 항목별로 적어보세요.

기록한 내역을 바탕으로 우리 집의 총 자산과 순자산을 계산해보세요.

✔ 우리 집 자산 파악하기

항목		금액	비고
현금성 자산	현금/수표		
금융자산	적금	1,500만 원	100만원X15개월
	예금	900만 원	
	주식	500만 원	
	펀드		
	채권		
합계		₩ 2,900만 원	
부동산	자가		
	전월세 보증금	2억 8,000만 원	전세 보증금
합계		₩ 2억 8,000만 원	
기타 자산	빌려준 돈		
	승용차		
합계		₩	
부채	대출금		
	주택대출	1억 2,000만 원	전세자금 대출
	자동차할부금	1,800만 원	
합계		₩ 1억 3,800만 원	
총자산		₩ 4억 4,700만 원	
순자산		₩ 3억 900만 원	

※ 총자산은 부채를 포함한 자산의 합, 순자산은 총자산에서 총부채를 뺀 금

60

21 올해의 목표 세우기

한 해 동안 이루고자 하는 목표를 적어보세요. 가족 행사나 자동차 구입 같은 특별한 이벤트도 좋고, 일 년 동안 마련하고 싶은 목
습니다. 중요한 것은 목표를 세우고 이를 달성하기 위한 계획을 세우는 것입니다.

2021년 목표	가족 행사 대비 비상금 모으기
목표 금액	₩ 500만 원
매달 저축액	₩ 40만 원(보너스 달 2 회 50만 원)

| 집 수입과 지출 파악하기

| 집의 수입과 지출 내역을 적어보세요. 수입이 매달 일정하지 않다면 최근 3~6개월 수입의 평균 금액으로 기록하면 됩니다. 지
날 일정하게 나가는 고정지출을 우선적으로 작성하세요.

수입	금액
김월급의 월급	300만 원
박쟁이의 월급	280만 원
합계	₩ 580만 원

지출	금액
상환(주택, 자동차 할부금 등)	210만 원
금, 주택청약저축, 비상금 등)	110만 원
	50만 원
관리비, 통신비 외	60만 원
소비 지출	150만 원
합계	₩ 580만 원

61

2021 올해의 목표 세우기

2021년 이루고 싶은 목표 내용과 금액, 이를 이루기 위해 매달 모아야 할 저축액을 적어보세요.

우리 집 수입과 지출 파악하기

매달 수입 내역과 고정 지출 내역을 항목별로 적어보세요. 수입과 지출 구조를 파악하면 어디에서 돈이 새어나가는지, 어디에서 돈을 아껴야 할지 눈에 보입니다.

✔ 알뜰살뜰 가계부 이렇게 쓰세요 ❷

연간 지출 스케줄

경조사나 집안일 때문에 따로 예산을 잡아야 하는 날이 있으면 미리 정리해두세요.

큰돈이 나가는 달은 미리 계획을 세워서 예비비를 마련하세요.

계획에 따른 예상 지출 금액을 미리 정해두세요.

연간 지출 scheduler

	1월	2월	3월	4월	5월
1	신정		삼일절		근로자의 날
2					
3					
4					
5			엄마 생신	식목일	어린이날
6					
7					부모님용돈
8					어버이날
9					
10					
11					
12		설날			
13					
14					
15					스승의 날
16					
17					
18					
19					부처님 오신 날
20					
21					
22					
23					
24					
25					
26		정월대보름			
27					
28					
29					
30					
31	자동차세 납입				
예상 지출	₩	₩	₩	₩	₩

62

8월	9월	10월	11월	12월	
					1
					2
		개천절			3
					4
					5
					6
					7
					8
		한글날			9
					10
					11
			아빠 생신		12
					13
					14
광복절					15
					16
					17
					18
					19
					20
	추석				21
					22
					23
					24
				성탄절	25
	자동차 보험갱신				26
					27
				대출 원금 납입	28
					29
					30
					31
₩	₩	₩	₩	₩	예상 지출

63

빈 칸에 특별한 날은 물론, 지출 항목도 함께 적어두면서 예상 가능한 연간 지출 계획을 미리 세워보세요.

✔ 알뜰살뜰 가계부 이렇게 쓰세요 ❸

이번 달 일정과 예산

이번 달의 주요 일정이나 해야 할 일을 간단히 적어두세요.

이번 달 절약 목표를 적어보세요.

12
DECEMBER

○ 이번 달 주요일정

✿연말정산 자료 정리
✿인터넷 약정 만료 확인

○ 이번 달 절약 목표

✿커피 일주일에 3일만 마시기
✿지각해서 택시 타지 않기

MONDAY	TUESDAY	WEDNESDAY	THU
	1 음 10.17	2	3
7 대설	8	9	10
14	15 음 11.01	16	17
21 동지	22	23	24
28	29 음11.15	30	31

80

AY	SATURDAY	SUNDAY
	5	6
	12	13
	19	20
	26	27

이달의 예산

이 달의 예상 수입액	
₩	4,100,000

▸ 월급 등의 정기수입과 인센티브, 예금 이자 등의 돌발수입의 총액을 적으세요.

이 달의 저축 목표액	
₩	2,250,000

▸ 꿈을 이루기 위한 재테크의 씨앗, 저축. 이번 달에도 열심히 모아볼까요?

이 달의 지출 목표액	
주거비	189,730
관리비	125,500
공과금	43,000
통신비	116,800
교육비	150,000
교통유류비	156,450
보험료	148,000
용돈	300,000
식비	350,000
예비비	270,000
합계	₩ 1,849,480

▸ 고정적으로 지출하는 금액부터 적으세요. 그리고 '월간 결산'의 예산 항목을 적고 실제 지출액과 비교해보면 돈이 새는 곳이 한눈에 보입니다.

예산 총액	₩ 약 4,099,480

▸ 저축액+지출액을 말합니다. 이 금액을 한 달의 날짜 수로 나누면 하루의 예산이 됩니다.

81

이번 달에 들어올 예상 수입액을 모두 적어보세요.

이번 달 저축액과 지출 목표액을 써보세요. 쓰는 과정에서 절약할 항목을 파악할 수 있습니다.

저축액과 지출액의 합계가 이달의 예산 총액이 됩니다. 이제 목표 금액대로 지출을 관리하면 됩니다.

✔ 알뜰살뜰 가계부 이렇게 쓰세요 ❹

매일 쓰는 가계부

이달의 예산 총액을 한 달의 날짜 수로 나눈 금액이 오늘의 예산이 됩니다.

항목별로 구입한 물건이나 서비스의 가격을 적으세요.

정기적금 등 저축 내용을 적으세요.

오늘 예산−지출 합계+수입 =예산 잔액입니다.

하루의 소비 점수를 간단히 점수로 적어주세요.

주간 결산 때 이번 주 소비를 간단히 평가해보세요.

	30 / MON		1 / TUE		2 / WED		3 / THU	
오늘 예산	₩	132,000	₩	132,000	₩	132,000	₩	132,
식비	장보기	21,000	소고기	13,000	커피	4,500	장보기	20,
	탄산수	8,000					아이스크림	2,
	커피	4,500						
생활용품					텀블러	15,000		
교통유류비					주유비	40,000		
의류미용비								
여가활동비								
의료비								
기타 지출								
저축					적금	400,000		
지출 합계	₩	33,500	₩	13,000	₩	459,500	₩	22,
수입			중고책 팔기	18,000				
예산 잔액		98,500		137,000		-327,500		109,

오늘의 소비 점수	80 점	85 점	80 점	80
이번 주 소비 한 줄 평가하기	커피는 일주일에 세 번만 마시기는 성공, 대신 외식을 두 번이나 했다. 그리고 택시 타고 출근 안 하기는 실패ㅠㅠ			

82

4 / FRI		5 / SAT		6 / SUN	
	132,000	₩	132,000	₩	132,000
	6,500	외식	20,000	장보기	30,000
				치킨	18,000
비	12,000				
		영화	12,000		
	100,000			퇴직연금	200,000
	118,500	₩	32,000	₩	248,000
		걷기어플리워드	5,000		
	13,500		105,000		- 116,000
60	점	80	점	80	점

다음 주 소비 계획과 다짐

주말에 친구 모임이 있기 때문에 평일에는 외식 금물!
늦잠 자서 택시 타는 일 없게 서두르기!

12
DECEMBER

12월

MEMO

텀블러 사기 V
중고책 팔기 V
3만보 걷기 V
커피 줄이기 V
택시 안 타기 X

주간 결산		
이번 주 예산	₩	924,000
총지출 식비		148,000
생활용품		15,000
교통유류비		52,000
의류미용비		
여가활동비		12,000
의료비		
총 기타 지출		
총 저축		700,000
지출 합계		927,000
총 수입		23,000
이번 주 손익		20,000
이번 주 소비 점수	78	점

83

한 주간의 수입과 지출을 정리해보세요.

월요일부터 일요일까지 일주일의 예산 금액입니다

이번 주 소비 점수를 간단히 점수로 적어주세요.

주간 결산 때 다음 주 소비 계획을 간단히 적어보세요.

✔ 알뜰살뜰 가계부 이렇게 쓰세요 ⑤

이번 달 수입과 지출 결산

목표보다 덜 썼으면 + 더 썼으면 - 로 표시

지난달 남은 이월금액과 이번 달 실제 수입을 더한 것이 이달의 총 수입액입니다.

월초에 세웠던 목표 예산과 실제 지출 내역을 비교해보세요.

목표 예산과 이번 달 지출의 총합을 각각 써보고, 목표 예산에 비해 얼마나 지출했는지 따져보세요.

이번 달 손익을 한눈에 살펴볼 수 있어요.

12월 결산

수입	이월 금액	예상 수입	실제 수입	차액
	23,000	4,100,000	4,170,000	+ 70,
총합계	₩ 4,193,000			

지출	내용	예산	실제 지출	차액
꿈지출	저축	2,250,000	2,200,000	+ 50,0
고정지출	주거비	189,730	195,000	- 5,2
	관리비	125,500	130,000	- 4,5
	공과금	43,000	45,000	- 2,0
	통신비	116,800	115,300	+ 1,5
	교육비	150,000	150,000	
	교통유류비	156,450	160,000	- 3,5
	보험료	148,000	148,000	
	용돈	300,000	300,000	
변동지출	식비	350,000	380,000	- 30,0
	생활용품	80,000	75,000	+ 5,0
	의료비	50,000	12,000	+ 38,0
	의류미용비	70,000	53,000	+ 17,0
	여가활동비	70,000	50,000	+ 20,0
총합계		₩ 4,099,480	₩ 4,013,300	₩ +86,1

12월의 손익은 얼마인가요?

수입(₩ 4,193,000 **) - 지출(₩** 4,013,300 **) = 총손익(₩** 179,700

92

12월 지출 평가와 다음 달 계획								
이번 달 예상 외 지출이 있었나요?				이번 달 카드 대금				
1	식비	70,000	원	대한	카드	720,080	원
2	의료비	12,000	원	민국	카드	412,080	원
3			원		카드		원
이번 달에 꼭 쓰지 않아도 될 지출이 있었나요?					카드		원
1	외식비(치킨, 커피)	36,000	원		카드		원
2	교통유류비(택시)	24,000	원		카드		원
3			원	총		1,132,160	원
★ 이번 달에 아낄 수 있었던 금액은 총		60,000	원입니다.				

+ MONEY PLAN +

이번 달 절약 목표 셀프 피드백 하기

커피 일주일에 3일만 마시기> 100프로 성공!
지각해서 택시 타지 않기>는 실패ㅠㅠ
래도 지난 달에 비해 일주일에 절반으로 줄였으니까
음 달에는 꼭 달성해야겠다.

리고 지난 달보다 외식비를 많이 줄였다.
일에는 집밥을 많이 먹고
신 주말에 한 번만 외식하는 걸로 유지하기!

93

이번 달 지출 내역을 반성하는 코너입니다. 계획에 없던 지출과 쓰지 않았어도 될 지출을 따져보고 아낄 수 있었던 금액을 적어보세요.

카드별 청구금액을 따로 적어서 확인하세요.

월초에 세웠던 이번 달 절약 목표를 얼마나 잘 실천했는지 스스로 체크해보세요.
부족한 부분이 있었다면 새로 다짐하고, 잘한 부분이 있다면 칭찬하고 자신에게 보상을 주세요!

✔ 알뜰살뜰 가계부 이렇게 쓰세요 ❻

분기별 수입과 지출 결산

3개월마다 월별 결산을 바탕으로 분기별 결산을 해보세요. 예를 들어 1분기는 1~3월의 수입, 지출 내역을 바탕으로 정리하면 됩니다.

지난 분기 이월금액과 이번 분기 실제 수입을 더한 것이 이번 분기의 총 수입액입니다.

목표 예산과 실제 지출 내역을 비교해보세요.

목표 예산과 실제 지출의 총합을 각각 써보고, 목표 예산에 비해 얼마나 지출했는지 따져보세요.

이번 분기 손익을 한눈에 살펴볼 수 있어요.

2021년 1분기 결산 ▸ 1~3월까지의 수입, 지출 내역을 정리해보세요.

수입	이월 금액	예상 수입	실제 수입	차액
	45,000	12,300,000	12,500,000	+ 200,0
총합계	₩ 12,545,000			

지출	내용	예산	실제 지출	차액
꿈지출	저축	6,750,000	6,600,000	+ 150,00
고정지출	주거비	570,000	585,000	- 15,00
	관리비	420,000	430,000	- 10,00
	공과금	130,000	135,000	- 5,00
	통신비	240,000	228,000	+ 12,00
	교육비	450,000	450,000	
	교통유류비	400,000	424,000	- 24,00
	보험료	750,000	750,000	
	용돈	900,000	900,000	
변동지출	식비	1,200,000	1,184,000	+ 16,00
	생활용품	210,000	205,000	+ 5,00
	의료비	90,000	56,000	+ 34,00
	의류미용비	200,000	185,000	+ 15,00
	여가활동비	180,000	150,000	+ 30,00
총합계		₩ 12,490,000	₩ 12,282,000	₩ 208,00

1분기의 손익은 얼마인가요?

수입(₩ 12,545,000) - 지출(₩ 12,282,000) = 총손익(₩ + 263,000

134

1분기 지출 평가하기			
이번 분기에 가장 큰 지출은 무엇인가요?			비고
1	식비	1,184,000 원	
2	용돈	900,000 원	
3	보험료	750,000 원	
이번 분기에 가장 아까운 지출은 무엇인가요?			비고
1	교통유류비(택시)	68,000 원	
2	의류미용비	85,000 원	아이크림 충동 구입
3		원	

✎ 이번 분기의 지출 내용에 대한 평가와 다짐을 적어보세요.

→인터넷 약정기간이 종료됨.
좀 더 싼 요금제나 할인요금으로 통신비 줄일 수 있는 방법 알아보기.

2021 올해의 목표 중간 점검하기		
2021년 목표 금액	1분기까지 모은 금액	남은 금액
500만 원	120만 원	380만 원

✎ 올해의 목표 달성을 위한 중간 평가와 다짐을 적어보세요.

→매달 40만 원씩 모으기로 결심하고 세 달째 성공중.
다음 달에는 약속이 많아서 지출이 많을 수 있으니 평소에 더욱 절약해야겠다.

135

이번 분기 지출 내역을 반성하는 코너입니다. 계획에 없던 지출과 가장 아까운 지출은 무엇인지 따져보고, 다음 분기에 아끼고 싶은 지출 항목은 무엇인지 적어보세요.

연초에 세웠던 2021년 올해의 목표를 이번 분기까지 얼마나 잘 실천하고 있는지 중간 점검해보세요. 잘 실천하고 있다면 스스로를 칭찬해주고 좀 더 분발해야 한다면 다짐의 글을 적어보세요.

✔ 알뜰살뜰 가계부 이렇게 쓰세요 ❼

한눈에 보는 수입과 지출 그래프

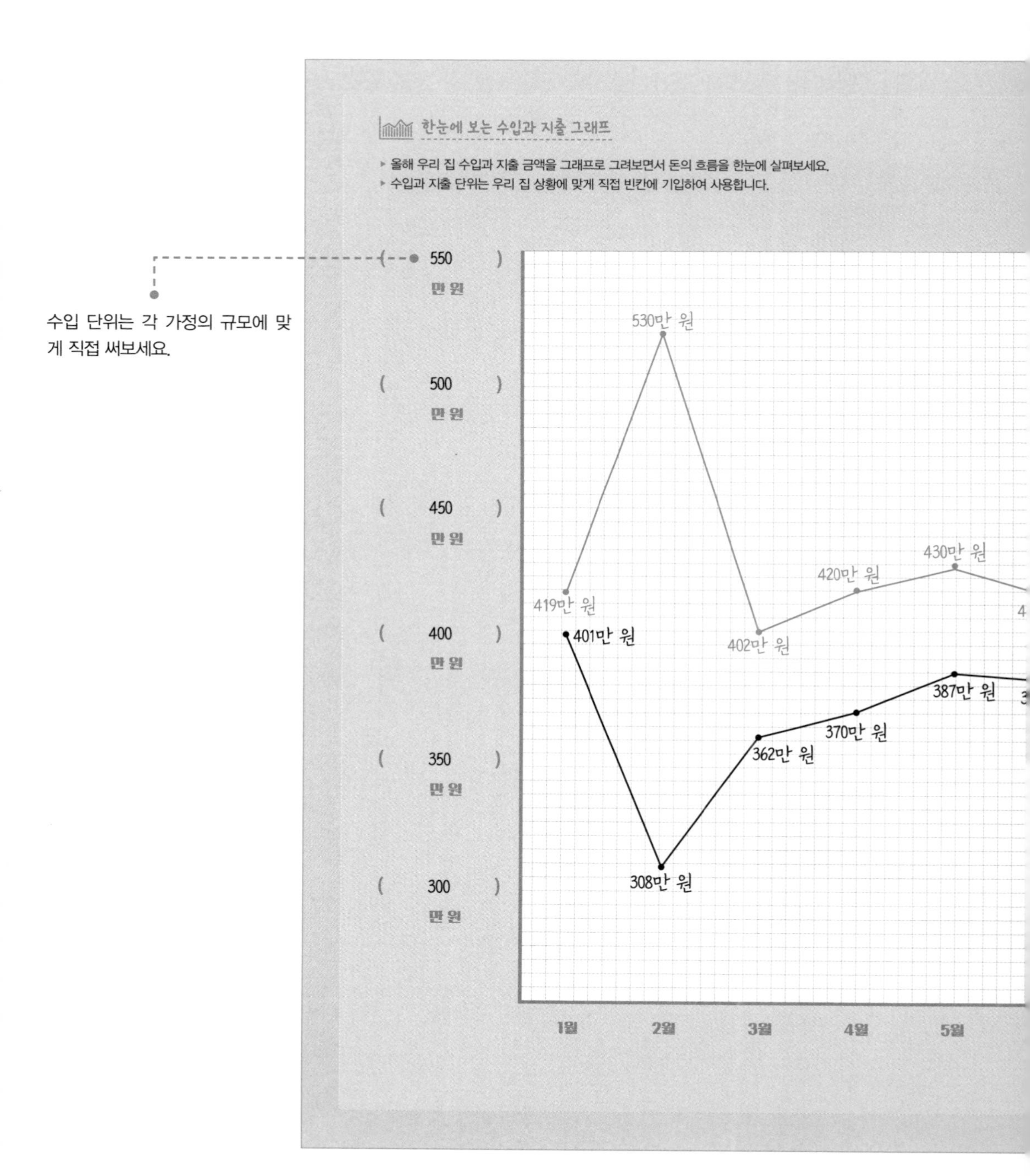

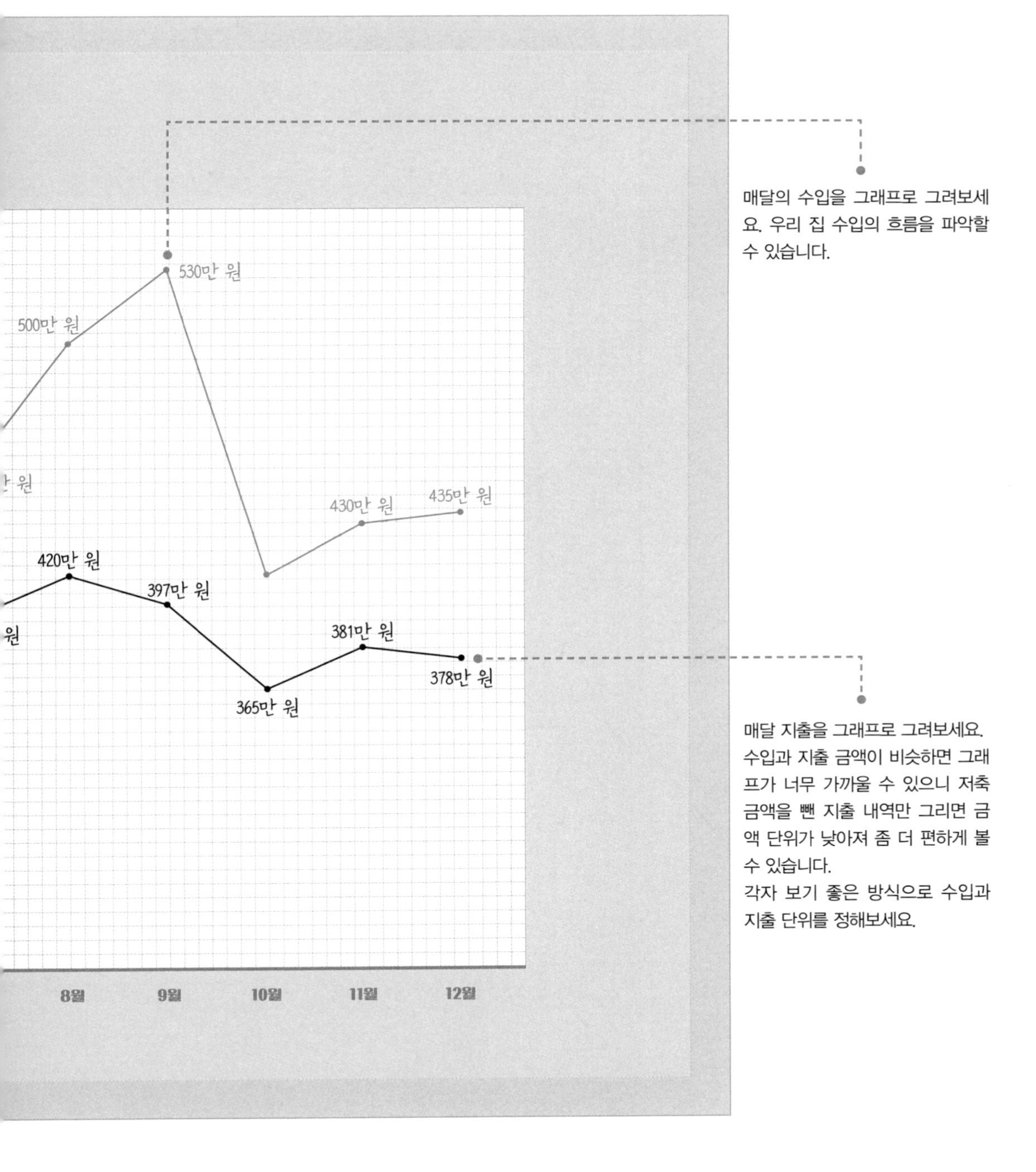

매달의 수입을 그래프로 그려보세요. 우리 집 수입의 흐름을 파악할 수 있습니다.

매달 지출을 그래프로 그려보세요. 수입과 지출 금액이 비슷하면 그래프가 너무 가까울 수 있으니 저축 금액을 뺀 지출 내역만 그리면 금액 단위가 낮아져 좀 더 편하게 볼 수 있습니다.
각자 보기 좋은 방식으로 수입과 지출 단위를 정해보세요.

PART 2

월급쟁이 부자가 되는 습관 키우기

통장 관리: 쓰임에 맞는 통장 쪼개기

수입과 지출을 효율적으로 관리하려면 통장을 관리하는 게 도움이 됩니다. 여기에서 말하는 통장 관리는 단순히 통장 정리를 정기적으로 하는 등의 물리적 통장 관리가 아니라, 쓰임새와 목표에 맞게 적합한 통장을 개설하는 것을 뜻합니다. 즉 월급 통장, 저축 통장(적금/청약 등), 생활비 통장, 비상금 통장 등으로 쪼개어 목적에 맞게 사용하는 것입니다. 용도에 따라 통장을 세분화하면 하나의 통장에서 모든 수입과 지출이 이루어지는 것보다 훨씬 효율적으로 돈의 흐름을 파악하고 관리할 수 있습니다.

저축용 통장의 경우 주택이나 자동차 구입, 학자금 저축 등의 목돈을 마련하기 위한 적금이 있을 수 있고, 여름 휴가비나 부모님 칠순잔치를 대비하기 위한 비상금 성격의 저축이 있을 수 있습니다. 각자 나에게 필요한 쓰임새나 용도에 따라 예금이나 적금 등 적합한 계좌를 개설하면 됩니다.

카드의 경우도 혜택이나 쓰임새에 따라 신용카드와 체크카드를 여러 개 사용하는 경우가 많은데요. 각각의 쓰임새를 세분화하면 돈의 흐름을 좀 더 명확히 파악할 수 있고, 지출을 줄일 수 있는 부분을 알 수 있습니다. 반대로 쓰임새가 마땅치 않아 잘 쓰지 않는 카드는 과감히 없애버려도 괜찮습니다.

쓰임새에 맞게 통장과 카드 용도를 정리한 다음 '용도별로 나눠 쓰는 우리 집 통장 리스트'와 '우리 집 카드 리스트'를 작성해보세요. 통장과 카드를 통해 이루어지는 돈의 흐름을 파악하면 씀씀이를 아낄 곳이 분명히 보일 것입니다.

용도별로 나눠 쓰는 우리 집 통장 리스트

거래 은행	예금 종류	계좌번호	용도	비고

우리 집 카드(신용/체크) 리스트

카드 명	용도	카드번호	납입계좌	결제일

수입 관리: 고정 수입으로 최대한의 이익 키우기

사람들은 대부분 월급이 많아지면 돈을 많이 모을 수 있다고 생각합니다. 쥐꼬리만 한 월급을 모아 봐야 얼마 되지도 않고 부자가 될 수 없다고 생각하는 것이지요. 하지만 정말로 버는 돈이 많아지면 저축도 더 많이 할 수 있을까요?

세계적인 머니 트레이너 보도 섀퍼는 이렇게 말했습니다. "돈을 많이 버는 것만으로는 아무도 부자가 되지 못한다. 돈을 붙잡아둘 때만 부자가 된다."

돈을 많이 벌면 부자가 될 가능성이 늘어나는 것은 맞지만, 단순히 돈을 많이 번다고 해서 모두 부자가 되는 것은 아닙니다. 만약 들어오는 돈보다 나가는 돈이 더 많다면 아무리 월급이 많아도 결코 부자가 될 수 없지요. 한 달에 1,000만 원을 벌어서 1,500만 원을 쓰는 사람과 300만 원을 벌어서 100만 원을 저축하는 사람 중에 누가 부자가 될 수 있을까요?

부자가 되려면 가장 먼저 종잣돈을 모아야 합니다. 이 종잣돈이 씨앗이 되어서 더 큰 덩어리가 되면 돈이 불어나는 속도도 점점 빨라집니다. 처음에는 작은 눈덩이라도 굴리다 보면 점점 빨리 큰 눈덩이가 되는 것과 마찬가지입니다. 처음에는 티끌 모아 티끌 같지만 계속 굴리다 보면 태산이 될 수 있습니다. 작은 돈도 모이면 훌륭한 종잣돈이 됩니다. 실제로 얼마나 버느냐보다 중요한 것은 얼마나 모으냐입니다.

목돈 마련을 위한 구체적인 목표 설정하기

종잣돈을 모으기 위해서는 일단 구체적인 목표를 세워야 합니다. 앞에서 명확한 목표가 없다면 목적지 없이 망망대해를 떠도는 것과 다름없다고 말씀드렸지요. 우리가 가계부를 쓰는 것은 결국 새어나가는 돈을 막아 종잣돈을 모으기 위해서입니다. 그러니 우선 목표를 세워보세요. 대출금 상환이나 결혼, 자동차 구입 등 다가오는 일을 대비하기 위한 목표도 좋고, 일 년에 얼마 모으기 등 액수를 기준으로 해도 괜찮습니다. 예를 들어 자동차 구입비로 2년 동안 3,000만 원을 모으겠다고 목표를 세웠다면 어떨까요?

3,000만 원 ÷ 24개월 = 125만 원

한 달에 125만 원씩 저축을 해야 2년 뒤에 3,000만 원을 모을 수 있습니다. 이처럼 목표 금액을 정확히 잡고 한 달에 얼마나 모아야 하는지 확인하면 막연하게 돈을 모아야지 하고 생각하는 것보다 훨씬 강력한 동기가 됩니다.

목표는 나에게 맞추어 다양하게 정할 수 있습니다. 계획적인 돈 모으기가 처음이라면 우선 6개월이나 1년 정도의 단기 상품에 부담스럽지 않은 금액으로 가입해 만기의 기쁨을 먼저 누리고, '돈 모으는 재미'를 붙이는 게 중요합니다. 일단 돈 모으는 재미를 붙이고 나면 점차 목표를 높이 세워가면서 종잣돈 마련하기에 박차를 가해보세요.

저축으로 부자되는 첫걸음, 금리 비교하기

현재의 수입으로 새는 돈을 막고 종잣돈을 모으기로 목표를 세웠다면 다음 단계는 무엇일까요? 다양한 종류의 예금과 적금 중에 알맞은 것을 골라 가입하는 것이겠지요. 하지만 시중에는 여러 은행이 있고 은행마다 정말 많은 금융 상품을 선보이고 있습니다. 이 많은 은행을 일일이 다니며 적당한 상품을 고른다는 것은 쉬운 일이 아닙니다. 가장 좋은 상품을 찾기 위해 너무 많은 시간을 들이며 고생할 필요는 없습니다. 오히려 너무 많은 노력과 에너지를 쓰다 보면 종잣돈 모으기를 시작하기도 전에 지쳐버릴 위험이 있습니다.

좀 더 수월하게 적합한 금융 상품을 고를 수 있는 팁을 드리자면, 포털사이트 검색창에 '금융상품 한눈에'(finlife.fss.or.kr)를 검색하면 금융감독원 금융상품 통합 비교공시 사이트를 찾을 수 있습니다. 이곳에서 월 저축 금액, 저축 예정 기간, 적립 방식 등 내가 원하는 조건에 맞는 금융상품을 검색할 수 있습니다. '전국은행연합회'(kfb.or.kr)에서도 예금 금리를 비교할 수 있습니다. 다만 이곳에서는 일반적으로 1금융권보다 금리가 높은 새마을금고, 신협, 저축은행 같은 2금융권의 정보는 알 수 없습니다. 그럴 때는 '마이뱅크'(mibank.me)를 이용하면 됩니다. 이곳은 예금 금리가 한눈에 보기 편하게 비교되어 있고, 새마을금고와 저축은행까지 볼 수 있어 보다 편리합니다. 나에게 편리한 사이트를 통해 금리를 비교해보고 가장 유리한 금융상품을 알아보세요.

적금을 가입할 때 한 가지 유의할 점이 있습니다. '기회비용'의 문제인데요. 아무리 금리가 높은 적금이라고 해도 가입 과정에서 너무 많은 시간이 소요된다든지, 금리 우대 실적을 맞추는 데 너무 많은 노력을 기울여야 한다면 가입을 다시 검토해보는 게 좋습니다. 금리가 높은 적금이나 예금을 찾는 것은 중요한 일이지만, 소중한 시간과 에너지가 낭비된다면 이 역시 불필요한 일입니다. 내 시간과 노력도 분명히 중요한 자산이라는 점 잊지 마세요.

나에게 맞는 예금, 적금을 찾기 위한 몇 가지 팁을 추가로 말씀드리겠습니다.

첫째, 신규 거래 우대 상품 공략하기

사람들은 흔히 은행에서 주거래 고객에게 우대 이율을 더 많이 준다고 알고 있지만, 은행 입장에서는 신규 고객을 유치하는 것도 중요한 과제이므로 신규 거래 고객에게 높은 금리를 주는 상품을 출시하기도 합니다. 기존에 거래가 없던 은행에서 처음 적금을 만들 때 금리 우대를 받는 경우도 있으니 적당한 상품이 있는지 찾아보세요.

둘째, 급여이체 우대 상품 이용하기

은행에서 가장 선호하는 고객 중 하나가 월급 통장을 이용하는 직장인인데요. 해당 계좌를 통해 급여 이체 실적이 있을 경우 금리우대를 해주는 적금이 따로 있을 정도입니다. 그런데 급여 이체 실적을 직접 만들 수도 있습니다. 다른 은행에서 해당 계좌로 50만 원 이상 이체하면서 메모란에 '급여'라고 적는 것입니다. 간단하지요. 약간의 귀찮음만 감수한다면 아주 유용한 방법입니다.

셋째, 모바일 어플과 친해지기

은행마다 같은 상품이라도 직접 은행에 가는 대신 어플을 통해 가입하면 우대금리를 적용하거나 금리가 높은 어플 전용 상품을 출시하는 경우가 있습니다. 최근 많이 사용하는 카카오뱅크나 케이뱅크, 토스 등은 어플로만 상품 가입이 가능한 대신 시중은행보다 높은 금리를 주기도 합니다.

이처럼 여러 가지 도구를 활용하여 내가 원하는 목표 금액과 기간, 금리 등을 따져서 가장 적합한 상품을 찾고 종잣돈 마련을 위한 첫걸음을 시작하세요.

지출을 수익으로 바꾸는 연말정산 절세 노하우

월급을 당장 높일 수는 없지만 새로운 월급을 만들 수는 있지요. 이른바 '연말의 보너스'라고 불리는 연말정산입니다. 연말정산은 일 년 동안의 소득세액을 파악하고, 실제 납부할 소득세액과 급여 지급 시 원천징수된 세금을 비교해 과부족 분을 정산하는 제도입니다. 미리미리 준비할수록 더 많은 세금을 돌려받을 수 있는 연말정산을 통해 지출을 제2의 수익으로 바꿀 수 있습니다. 13월의 월급, 연말정산을 통해 더 많은 세금을 돌려받을 수 있는 노하우를 차례차례 살펴보겠습니다.

첫째, 인적공제 대상자 선정하기

연말정산 시 세금을 계산할 때 부양하는 가족을 기준으로 일정 금액을 공제해주는 '인적공제'를 해줍니다. 인적공제 대상자 한 명당 150만 원의 종합소득금액에서 공제하며, 70세 이상의 부양가족이 있다면 100만 원, 장애인 부양가족이 있다면 200만 원을 추가로 공제합니다.

인적공제 대상자는 본인과 배우자(나이 무관, 소득금액 100만 원 이하), 그리고 생계를 함께 하는 부양가족(20세 이하 또는 60세 이상, 소득금액 100만 원 이하)입니다. 연말을 기준으로 인적공제 대상자를 판단하므로 소득이 없는 배우자를 내 부양가족으로 등록하려면 12월 31일까지 혼인신고를 해야 합니다. 중복 공제를 받을 수는 없으므로 맞벌이 부부나 자녀가 부모님을 함께 봉양하고 있는 경우에는 소득이 더 높은 쪽에 인적공제 대상자를 반영하는 편이 세금을 더욱 줄일 수 있습니다.

둘째, 연말정산 혜택 상품 가입하기

연말정산 혜택이 있는 금융 상품에 가입하면 상품에 따라 절세 효과를 얻을 수 있습니다. 연금저축계좌와 퇴직연금계좌(개인형 IRP)의 경우 근로자의 안정적인 노후를 보장하기 위하여 납입액에 대해 세액공제를 해줍니다. 무주택 세대주(총 급여 7,000만 원 이하)가 가입하는 주택청약종합저축도 소득공제를 받을 수 있는 유용한 상품입니다.

	연금저축계좌	퇴직연금계좌	주택청약저축
공제항목	세액공제	세액공제	소득공제
공제한도	최대 400만 원(16.5%)	최대 700만 원(16.5%)	최대 240만 원(40%)
최대세금혜택	최대 66만 원	최대 115만 5천 원	최대 96만 원

공제한도는 연금저축계좌 납입액은 연 400만 원까지, 연금저축계좌와 퇴직연금계

좌를 합쳐서 연 700만 원까지입니다. 한도 금액까지 저축했을 때 총 급여액이 5,500만 원 이하일 경우에는 15%(지방세 포함 16.5%), 총 급여액이 5,500만 원을 초과하는 경우에는 12%(지방세 포함 13.2%)를 세액공제 해줍니다.

주택청약종합저축 상품은 연 납입액 240만 원을 한도로 저축 금액의 40%를 소득공제 받을 수 있습니다. 다만 '세대주'만 가능하므로 세대주가 아닌 사람이 가입하는 주택청약저축은 세액공제를 받을 수 없다는 점 유의하세요. 부모로부터 독립하여 자취를 하는 경우에도 전입신고를 해서 세대주가 되어야 소득공제가 가능합니다.

셋째, 신용카드/체크카드 사용액 공제받기

근로자와 기본공제 대상자가 지출한 신용카드와 체크카드 사용액도 소득공제를 받을 수 있습니다. 이때 기본공제 대상자는 나이에 상관없이 소득금액이 100만 원 이하이면 가능하며, 형제와 자매는 기본공제 대상자가 될 수 없습니다.

구분	공제율					공제한도
	2019년	1~2월	3월	4~7월	8~12월	
신용카드	15%	15%	30%	80%	15%	330만 원 (총 급여 1억 2천 만 원 초과 시 230만 원)
현금·체크·직불카드	30%	30%	60%		30%	
도서공연비 (총 급여 7천만 원 이하만 해당)						
전통시장·대중교통	40%	40%	80%		40%	+100만 원

결제수단과 사용처별 소득공제율(2020년 기준)

2020년에는 신종 코로나바이러스 피해 극복 및 경제활력 제고를 위해 세법 개정안이 8월에 발표되었습니다. 2019년에 비해 신용카드 공제한도를 30만 원 인상하고 사용처별 공제율도 인상했습니다. 다만 기간별로 공제율에 차이가 있으므로 총 사용액을 기준으로 일괄 계산하기는 어렵습니다. 또한 8월 이후로는 2019년도와 동일한 공제율을 적용하고 있으므로 2021년도에도 이를 기준으로 생각하는 편이 좋겠습니다.

먼저 신용카드 등을 급여액의 25% 이상 사용하면 신용카드는 지출액의 15%, 체크카드(현금영수증 포함)는 지출액의 30%를 소득공제 해줍니다. 일반적으로 신용카드가 체크카드보다 혜택이 많으므로 급여액의 25%까지는 신용카드를 사용하고 그 이상을 지출하는 경우에는 체크카드를 사용하면 연말정산에서 보다 많은 금액을 공제받을 수 있겠지요.

신용카드는 소득공제 혜택이므로 가족 중에 소득이 더 높은 사람이 공제받는 것이 좋습니다. 따라서 총 급여의 25% 이상 카드 등을 사용하는 맞벌이 부부의 경우에는 생활비를 지출할 때 소득이 더 높은 사람 앞으로 지출하는 것이 유리합니다.

신용카드 소득공제는 공제를 받을 수 있는 한도가 정해져 있는데, 전통시장과 대중교통 사용액, 도서공연비는 추가로 공제가 가능합니다. 다만 신용카드 소득공제 금액에는 신용카드와 체크카드 사용금액뿐만 아니라 현금영수증이 발급된 현금 결제 금액, 백화점카드 사용 금액, 기명식 선불카드 결제 금액도 포함됩니다.

반면 공과금, 아파트 관리비, 보험료 등은 카드로 결제하더라도 적용 대상이 아닙니다. 신차를 카드로 구입할 때도 대상에 포함되지 않으나 중고차를 구입하는 경우에는 카드 결제 금액의 10%까지 소득공제를 받을 수 있습니다.

포함

+ 현금영수증이 발급된 현금 결제 금액
+ 백화점카드 사용 금액
+ 기명식 선불카드 결제 금액
+ 중고차 구입 비용의 10%

제외

- 신차 구입 비용
- 공과금
- 아파트 관리비
- 보험료
- 도로 통행료
- 등록금, 수업료
- 기부금
- 상품권 구입
- 해외 결제 금액
- 현금서비스 금액

신용카드 사용처별 소득공제 대상 여부

넷째, 의료비 지출 공제받기

근로자와 기존공제 대상자를 위해서 지출한 의료비가 급여액의 3%를 초과하는 경우, 지출액의 15%를 세액공제 해줍니다. 급여를 기준으로 산정되므로 의료비를 지출할 때는 급여가 낮은 가족 명의로 지출하는 편이 좋습니다. 건강검진비 역시 의료비 세액공제 대상이 되므로 가족들의 건강검진을 한 해에 같이 받아서 총 급여액의 3%를 초과할 수 있게 하는 것도 방법입니다.

다섯째, 영수증 잘 챙겨두기

소득공제 또는 세액공제를 받기 위한 지출액은 '국세청 홈택스'(hometax.go.kr)에서 간편하게 조회할 수 있습니다. 다만 일부 지출에 대해서는 조회가 되지 않는 경우도 있으니 증빙 내역을 잘 챙겨두어야 합니다.

- 의료비 세액공제: 시력보정용 안경/콘택트렌즈 구입비, 보청기, 의료용구 대여비(공제한도 체크) 등
- 교육비 세액공제: 국외 교육비 지출액, 유치원 교육비, 현장학습비, 교복 및 체육복 구입비, 장애인 특수교육비 등
- 월세 세액공제: 임대차 계약서, 계좌이체 영수증 등
- 기부금 세액공제: 기부금 영수증 등

지출 관리: 필요한 '소비'와 불필요한 '낭비' 구분하기

지금까지 돈을 모으기 위한 중요한 원칙으로 불필요한 지출을 막아야 한다는 이야기를 여러 차례 반복하였습니다. 많은 월급쟁이 부자들에게 돈을 모은 비결을 물어보면 하나같이 돌아오는 대답이 바로 이것입니다.

"낭비와 지출을 구분했다."

지출이라고 해서 다 같은 지출이 아닙니다. 생활을 가능하게 하고 삶의 질을 높이기 위해 반드시 써야 하는 '소비'가 있고, 꼭 필요하지 않은데 기분에 따라 충동적으로 써버리는 '낭비'가 있습니다. 사람들은 흔히 자신이 쓰는 돈이 모두 소비라고 생각하지만 실제로 씀씀이를 살펴보면 낭비인 경우가 많습니다. 그렇게 월급이 통장을 스쳐가게 되는 것이지요.

평범한 직장인이 돈을 모아 부자가 되려면 당장 수입을 늘리는 것보다는 지출을 통제하여 돈을 모으는 방법이 더 쉽고 간단합니다. 그리고 지출을 통제하기 위한 유용한 도구가 바로 가계부이지요. 가계부를 쓰면서 그동안 잘 몰랐던 우리 집의 소비패턴을 파악하는 것입니다. 한 달 동안 얼마나 지출하는지, 주로 어디에 쓰는지 직접 확인해야 새는 돈을 효과적으로 막을 수 있습니다.

일반적인 가정의 지출 항목은 주로 식비, 생활비, 차량유지비, 보험비, 교육비, 관리비, 통신비 등이 있습니다. 가계부를 통해 주요 지출 항목이 정리되면 매달 고정적으로 들어가는 고정지출액과 변동적으로 사용되는 변동지출액을 구분해야 합니다. 그리고 고정지출과 변동지출의 각 항목별로 낭비되고 있는 부분은 없는지 살펴보고 비용을 줄일 방법을 검토하면 되겠지요.

고정지출의 경우 보험비에서 불필요한 특약이 있는지 확인하여 삭제하거나 관리비를 자동이체 되도록 하여 할인을 받을 수도 있습니다. 변동지출의 경우에는 줄일 수 있는 금액이 더 많을 것입니다. 당장 필요하지도 않은데 마트의 1+1 이벤트에 충동적으로 샀던 할인 상품이나 습관적으로 소비하는 커피 등 소소하게 나가는 비용도 모아 놓고 보면 꽤 큰 금액입니다.

고정지출과 변동지출을 구분하는 또 다른 중요한 이유는 한 달 간의 지출 규모를 미리 계획하기 위해서입니다. 즉 한 달 동안 사용할 예산을 세우는 것인데요. 이를 위해서는 한 달 수입과 고정지출 금액을 파악하고 있어야 합니다.

앞서 가계부를 잘 쓰고 돈을 모으기 위해서는 구체적인 목표를 세우는 것이 무척 중요함을 거듭 강조하였습니다. 또 목돈을 마련하기 위해 목표 금액을 설정하고 이를 바탕으로 매달 얼마씩 모아야 하는지 계산하는 법도 살펴보았습니다. 지출 계획을 잡기 위해 우선 설정해야 하는 고정지출에는 이 목표 저축액이 포함되어야 합니다. 한 달 동안 사용할 수 있는 지출 가능 금액을 계산하는 방식은 다음과 같습니다.

월 수익 - (고정지출액 + 목표 저축액) = 지출 가능 금액

다시 한 번 김월급 씨 부부를 살펴볼까요? 부부의 한 달 총수입은 580만 원입니다. 그리고 매달 갚아야 하는 대출금 총액이 210만 원, 적금과 주택청약저축이 110만 원,

보험료와 공과금을 포함한 나머지 고정지출이 110만 원이었습니다. 여기에 2021년 목표로 세운 '가족 행사에 사용할 500만 원'을 위해 40만 원씩 추가로 모으기로 했지요. 이를 식으로 정리하면 다음과 같습니다.

580만 원 - (210만 원 + 110만 원 + 110만 원 + 40만 원) = 110만 원

김월급 씨네 부부는 고정지출을 제외한 변동지출을 위해 매달 110만 원의 예산을 세울 수 있는 것입니다. 부부는 고정지출 항목 중에 줄일 수 있는 부분이 없는지 살펴보고 핸드폰과 인터넷을 결합하고 약정 할인을 받아 통신비에서 5만 원을 줄이기로 하였습니다. 덕분에 두 사람의 한 달 생활비 예산은 115만 원으로 늘어났습니다.

한 달 예산 금액을 확인한 다음에는 세부 항목별 예산을 세워주세요. 처음에는 지난달에 사용한 항목별 비용을 바탕으로 예산을 잡아주고 점차 월별 평균 금액이 파악되면 이를 기준으로 예산을 잡아주면 됩니다. 매달 항목별 예산과 실제 사용 금액을 비교하며 평가하다 보면 우리 가족의 소비 패턴도 파악할 수 있고 어떤 항목에서 더 돈을 아낄 수 있을지 지출 구조를 관리할 수 있을 것입니다.

불필요하게 새어나가는 돈 막기

우리 집 수입과 지출 구조를 파악했다면 이제는 불필요한 '낭비'를 막을 차례입니다. '티끌 모아 태산'이라는 말은 돈을 모을 때는 잘 와 닿지 않는데 돈을 쓸 때는 금방 와 닿습니다. 희한하지요? 비싼 물건을 산 것도 아니고 딱히 기억나는 소비도 없었는데 카드 결제 금액은 깜짝 놀랄 만큼 큰 금액입니다. 그만큼 새는 돈이 많다는 뜻이고 반대로 생각하면 모을 수 있는 돈도 많다는 뜻입니다. 지금부터 새어나가는 돈을 막는 방법들을 살펴보겠습니다.

첫째, 식비 절약하기

하루 종일 열심히 일하고 집에 오는 길 머릿속에 가장 먼저 떠오르는 생각은 아마도 '오늘 뭐 먹지?'일 것입니다. 피곤한 몸을 이끌고 퇴근하다 보면 아무래도 집에서 음식을 직접 해 먹기보다는 외식을 하거나 배달음식을 시켜 먹는 경우가 많지요. 하지만 외식이나 배달음식을 이용하면 직접 요리를 하는 것보다 많은 비용이 들 수밖에 없습니다. 외식과 배달음식만 줄여도 한 달 식비를 많이 절약할 수 있을 것입니다.

매일같이 저녁을 사먹거나 시켜먹었다면 이제 직접 해 먹기에 도전해보세요. 처음부터 외식과 배달음식을 딱 끊겠다고 결심하기보다는 단계적으로 줄이는 것이 좀 더 수월할 것입니다. 일주일에 5일 정도 외식을 하거나 배달음식을 시켜 먹었다면 우선 주 3회로 횟수를 줄여보세요. 점차 집밥에 익숙해지면 일주일에 한 번, 혹은 한 달에 5회 이하 등으로 빈도를 줄일 수 있을 것입니다.

집밥을 먹을 때도 식비를 줄일 수 있습니다. 우선 냉장고에 방치되어 있는 음식이나 썩어서 버리게 되는 식재료가 생기지 않도록 주기적으로 냉장고를 정리해주세요. 냉장고도 다이어트가 필요합니다. 쓸데없이 자리만 차지하고 있는 식재료를 과감히 치우고 냉장고 안에 있는 음식들은 한눈에 파악할 수 있도록 손잡이 달린 바스켓이나 투명한 반찬통을 이용하면 훨씬 깔끔하고 편하게 정리할 수 있습니다.

냉장고 안에 어떤 식재료가 있는지 포스트잇이나 메모지에 적어서 붙여두는 것도 좋은 방법입니다. 일일이 기록하기 귀찮다면 영수증을 붙여두고 사용한 품목을 하나씩 지워버려도 괜찮겠지요. 이렇게 하면 어떤 식재료가 있는지 문을 열지 않아도 알 수 있고 불필요한 식료품 구입도 줄일 수 있습니다.

장을 보러 갈 때도 사야 할 식료품 목록을 미리 적어 가는 게 좋습니다. 마트에 가기 전 냉장고에 있는 재료를 확인하고 필요한 물품만 구입하면 됩니다. 이렇게 하면 계획 없이 마트에 갔을 때 빠지기 쉬운 불필요한 소비의 함정에 빠지지 않을 수 있습니다.

둘째, 차량유지비 절약하기

차량유지비를 줄이는 가장 간단한 방법은 가까운 거리를 이동할 때는 차량 대신 대중교통을 이용하는 것입니다. 하지만 때에 따라서는 대중교통보다 차량을 이용하는 것이 더 편하고 효율적이지요. 차량을 이용하면서 비용을 줄이기 위해서는 주유비와 자동차세, 자동차 보험료를 줄이는 방법이 효과적입니다.

- 주유비 절약하기: '오피넷'처럼 주변의 주유소 유가를 비교해볼 수 있는 사이트와 어플을 활용하면 기름값을 아낄 수 있습니다. 요즘에는 지도 어플이나 실시간 내비게이션을 통해서도 유가 정보를 확인할 수 있습니다.

  주유비 할인 혜택이 있는 체크카드나 신용카드를 이용하는 것도 좋은 방법입니다. 특히 체크카드의 경우 연말정산 소득공제율도 신용카드보다 높기 때문에 잘 활용하면 기름값 절약과 소득공제, 두 마리 토끼를 잡을 수도 있습니다. 웹사이트 '뱅크샐러드'(banksalad.com)에서 주유비 할인 혜택이 큰 체크카드는 물론 교통/통신, 마트/편의점, 영화/문화, 카페/베이커리 등 내 소비 패턴에 적합한 체크카드를 찾아볼 수 있으니 참고하세요.
- 자동차세 절약하기: 매년 납부하는 자동차세는 1월에 연납으로 납부하면 최대 10%의 금액을 절약할 수 있습니다. 1월에 연납 신청을 할 경우 10%, 3월은 7.5%, 6월은 5%, 9월은 2.5%로 선납 시기에 따라 할인율이 달라집니다. 따라서 연간 지출 계획을 세울 때 미리 자동차세 납부 계획을 잡고 되도록 1월에 납부하여 비용을 절약하도록 하세요.
- 자동차 보험료 절약하기: 자동차를 소유하고 있다면 필수로 가입해야 하는 자동차 보험료는 운전자의 나이, 특약 설정, 자동차 종류 등에 따라 천차만별입니다. 자동차 보험료를 줄이는 몇 가지 방법을 알아보겠습니다. 가장 먼저 다이렉트 채널을 통해 가입하는 방법이 있습니다. 다이렉트 채널이란 보험사와 소비자가 직접 계약하는 형태로, 별도의 보험설계사 없이 사이트나 어플을 통해 소비자가 직접 가입하는 것입니다. 설계사가 없는 만큼 할인을 해주기 때문에 대략 10~15% 정도 할인이 된다는 장점이 있습니다.

  포털사이트에 '자동차 보험료 견적'을 검색하면 국내 보험사들의 자동차 보험료를 한눈에 비교해보고 고를 수 있습니다. 가입할 보험사를 결정했다면 추가 할인이 가능한 각종 특약 사항도 놓치지 마세요. 보험사별로 운전경력 할인, 자녀 할인, 블랙박스 할인, 마일리지 할인, 안전운전 할인, 대중교통 할인 등 다양한 할인 특약 사항이 있습니다. 매해 자동차 보험을 가입할 때마다 무의식적으로 기존 보험사와의 계약을 갱신하기보다는 제대로 비교하여 현명하게 보험료를 아껴보세요.

셋째, 문화생활비 절약하기

새어나가는 돈을 막고 절약하는 것도 좋지만 모든 문화생활이 불필요한 낭비는 아닙니다. 영화, 연극 감상이나 독서, 미술관 관람이나 스포츠 경기 관람 같은 문화생활은 일상을 풍성하게 해주는 '투자'이기도 합니다. 스트레스를 풀고 새로운 활력을 얻는 데 좋은 공연과 나들이는 큰 도움이 되지요. 하지만 비용 때문에 부담이 되는 것도 사실입니다. 흔히 경기가 나빠지면 사람들이 가장 먼저 지출을 줄이는 항목 중 하나가 문화생활비라고도 하지요. 삶의 질을 높이는 문화생활을 누리면서 비용을 줄일 수 있는 방법이 있습니다.

가장 쉽게 접할 수 있는 문화생활 중 하나인 영화 관람의 경우 통신사 혜택이나 체크카드, 신용카드 혜택이 많은 항목입니다. 본인이 가입된 통신사 정보나 카드 혜택 내역을 잘 활용해보세요. 음악회 관람이나 미술관 관람 등 공연 예술 분야는 '얼리버드 티켓'을 구입하면 유용합니다. 실제 공연일이나 오픈일보다 일찍 티켓을 미리 예매하는 것을 가리키는데요. 이 티켓을 이용하면 좋은 공연을 할인된 가격으로 누릴 수 있습니다.

매달 마지막 주 수요일은 '문화가 있는 날'로 다양한 혜택이 있습니다. 주요 영화관을 비롯해 공연, 문화재, 전시, 스포츠 관람 등 여러 분야에서 관람료 할인, 무료 입장이 가능하니 최대한 활용해보세요.

독서의 경우 도서관을 적극 이용하는 것도 팁입니다. 지역 내 도서관이나 전자 도서관을 이용해 책을 무료로 읽을 수 있습니다. 직접 책을 반납해야 하는 일반 도서관과 달리 전자 도서관은 반납일이 되면 자동으로 전자책이 반납되므로 무척 편리합니다.

넷째, 통신비 절약하기

통신비를 절약하는 가장 손쉬운 방법은 알뜰폰을 사용하는 것입니다. 기존 통신망을 임대하여 사용하기 때문에 통화품질에는 문제가 없는 반면 요금은 일반 통신사보다 훨씬 저렴합니다. 요금제도 다양하기 때문에 나에게 맞는 요금제를 골라 사용하면 됩니다. 내가 평소 데이터를 많이 사용하는지, 통화를 많이 사용하는지에 따라 가장 합리적인 요금제를 선택하도록 하세요.

다만 알뜰폰 이용 시 일반 통신사에서 제공하는 결합요금 할인이나 멤버십 혜택 등은 받을 수 없으니 장기적인 관점에서 어느 것이 유리한지 따져보세요. 부부가 같은 통신사를 사용할 경우 가족할인이나 데이터 공유 등을 통해 통신비를 절약할 수 있습니다.

다섯째, 육아비 절약하기

육아비를 줄이기 위해서는 기본적으로 주변의 도움을 많이 받는 게 유용합니다. 친구나 친척, 지인들 중에 내 아이 또래의 자녀를 키우는 사람이 있다면 의류나 장난감, 아기 용품 등을 물려받을 수 있겠지요. 이러한 방법 외에 국가에서 제공하는 복지제도를 최대한 활용하면 좋습니다. 미처 모르고 놓치는 경우가 많지만 실제로 국가에서 시행하는 다양한 복지제도를 통해 많은 도움을 얻을 수 있습니다. 복지에 대한 정보는 보건복지부에서 운영하는 웹사이트 '복지로'(bokjiro.go.kr)에서 쉽게 찾아볼 수 있습니다.

- 아이돌봄 서비스 이용하기: 육아 도우미가 집에 방문하여 아이를 돌봐주는 서비스로 집에서 아이를 양육하든 기관에 보내든 상관없이 누구나 이용할 수 있습니다. 맞벌이 유무, 소득, 다자녀 등 몇 가지 조건에 따라 정부지원금의 차이가 있지만, 지원금을 받지 않더라도 서비스 이용금액이 시간당 1만 원이 채 안 되기 때문에 큰 부담 없이 이용할 수 있습니다. 내가 원하는 날과 시간에 맞춰 웹사이트에서 예약하면 국가에서 인증한 도우미가 방문하기 때문에 믿고 맡길 수 있습니다.
- 아동수당 신청하기: 아동수당은 2018년 9월부터 시행된 제도로 현재 만 7세 미만의 모든 아동으로 확대되어 시행되고 있습니다. 자녀가 만 7세 미만이라면 웹사이트 '아동수당'(happy.or.kr)에서 잊지 말고 신청하세요. 매달 25일에 아동 한 명당 10만 원이 지급됩니다.
- 전기요금 할인받기: 한국전력공사에서 시행되는 출산가구 복지할인제도의 일환으로 만 3세 미만의 아이가 있는 집은 전기요금을 할인받을 수 있습니다. 최대 16,000원까지 월 요금의 30%를 할인해주고 있으니 국번 없이 123(핸드폰: 지역번호+123)으로 전화를 걸거나 웹사이트 '한국전력공사 다자녀/출산가구 요금 신청'(bit.ly/2CLlPu9)에서 신청하세요. 아파트에 거주하는 경우에는 신청 완료 후에 관리사무

소에 복지 할인 신청 사항을 알려주어야 할인이 적용됩니다.

여섯째, 의료보험비 절약하기

가계에서 고정적으로 지출되는 항목으로 미래의 위험을 대비하기 위한 보험료를 빼놓을 수 없는데요. 중복되거나 불필요한 보장 내용 때문에 과다하게 보험료가 나가는 경우가 종종 있습니다. 이러한 경우 보험 리모델링을 통해 불필요한 지출을 줄여야 합니다.

보험료를 줄이기 위해서는 먼저 가입한 보험을 한눈에 파악할 수 있도록 한 장에 정리해보세요. 웹사이트 '내 보험 찾아줌'(cont.insure.or.kr)을 이용하면 현재 내가 가입되어 있는 모든 보험을 확인할 수 있습니다. 가입한 보험 리스트를 정리했다면 각 보험의 증권 내용을 확인해보세요. 증권을 분실했다면 보험사 홈페이지나 콜센터를 통해 재발행을 요청할 수 있습니다.

보험증권을 찾았다면 종이에 계약일, 만기, 보험료, 보장 내용 등을 꼼꼼히 정리해보세요. 보장 내용을 살펴보면 의외로 내용을 이해할 수 없거나 보장 내용이 겹치는 부분이 있습니다. 이해할 수 없는 보장 내용을 보험사에 문의하고 꼭 필요하지 않은 보장은 제외하여 보험료를 줄이도록 하세요. 그리고 내가 이 보험료를 10~20년 동안 계속 납부할 수 있을지도 고려해보는 게 좋습니다. 혹시나 있을 수 있는 리스크를 방지하는 것은 중요하지만, 필요보다 과하게 새어나가는 보험료는 오히려 미래의 가능성을 키우는 데 방해요소가 될 수 있습니다.

지금까지 월급쟁이 부자들의 돈 모으는 노하우를 하나씩 살펴보았습니다. 명확한 목표를 세우고, 그에 맞는 예산을 잡고, 매일 가계부를 작성하는 일은 결코 쉬운 일은 아닙니다. 하지만 꾸준히 가계부를 쓰며 절약하는 습관을 기르면 일 년 뒤에는 분명히 지금보다 부자가 되어 있는 나를 만날 수 있을 것입니다. 부자가 되기 위한 첫 번째 종잣돈을 만날 순간을 기대하며 하루하루 가계부 쓰는 즐거움을 누려보세요.

PART 3

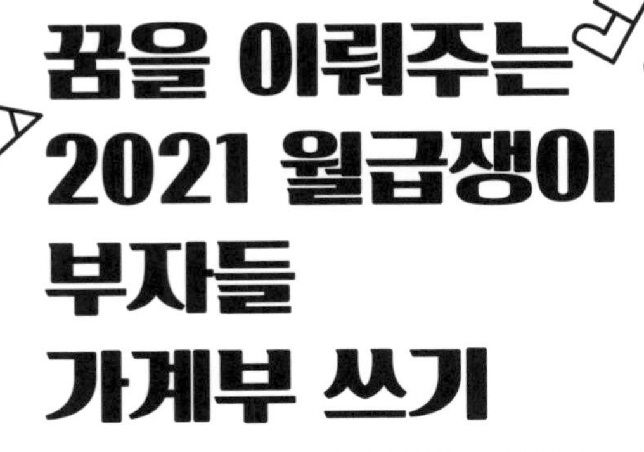

꿈을 이뤄주는 2021 월급쟁이 부자들 가계부 쓰기

2021 Calendar

1 January

SUN	MON	TUE	WED	THU	FRI	SAT
					1	2
3	4	5	6	7	8	9
10	11	12	13	14	15	16
17	18	19	20	21	22	23
24/31	25	26	27	28	29	30

2 February

SUN	MON	TUE	WED	THU	FRI	SAT
	1	2	3	4	5	6
7	8	9	10	11	12	13
14	15	16	17	18	19	20
21	22	23	24	25	26	27
28						

3 March

SUN	MON	TUE	WED	THU	FRI	SAT
	1	2	3	4	5	6
7	8	9	10	11	12	13
14	15	16	17	18	19	20
21	22	23	24	25	26	27
28	29	30	31			

4 April

SUN	MON	TUE	WED	THU	FRI	SAT
				1	2	3
4	5	6	7	8	9	10
11	12	13	14	15	16	17
18	19	20	21	22	23	24
25	26	27	28	29	30	

5 May

SUN	MON	TUE	WED	THU	FRI	SAT
						1
2	3	4	5	6	7	8
9	10	11	12	13	14	15
16	17	18	19	20	21	22
23/30	24/31	25	26	27	28	29

6 June

SUN	MON	TUE	WED	THU	FRI	SAT
		1	2	3	4	5
6	7	8	9	10	11	12
13	14	15	16	17	18	19
20	21	22	23	24	25	26
27	28	29	30			

7 July

SUN	MON	TUE	WED	THU	FRI	SAT
				1	2	3
4	5	6	7	8	9	10
11	12	13	14	15	16	17
18	19	20	21	22	23	24
25	26	27	28	29	30	31

8 August

SUN	MON	TUE	WED	THU	FRI	SAT
1	2	3	4	5	6	7
8	9	10	11	12	13	14
15	16	17	18	19	20	21
22	23	24	25	26	27	28
29	30	31				

9 September

SUN	MON	TUE	WED	THU	FRI	SAT
			1	2	3	4
5	6	7	8	9	10	11
12	13	14	15	16	17	18
19	20	21	22	23	24	25
26	27	28	29	30		

10 October

SUN	MON	TUE	WED	THU	FRI	SAT
					1	2
3	4	5	6	7	8	9
10	11	12	13	14	15	16
17	18	19	20	21	22	23
24/31	25	26	27	28	29	30

11 November

SUN	MON	TUE	WED	THU	FRI	SAT
	1	2	3	4	5	6
7	8	9	10	11	12	13
14	15	16	17	18	19	20
21	22	23	24	25	26	27
28	29	30				

12 December

SUN	MON	TUE	WED	THU	FRI	SAT
			1	2	3	4
5	6	7	8	9	10	11
12	13	14	15	16	17	18
19	20	21	22	23	24	25
26	27	28	29	30	31	

2022 Calendar

1 January

SUN	MON	TUE	WED	THU	FRI	SAT
						1
2	3	4	5	6	7	8
9	10	11	12	13	14	15
16	17	18	19	20	21	22
23 / 30	24 / 31	25	26	27	28	29

2 February

SUN	MON	TUE	WED	THU	FRI	SAT
		1	2	3	4	5
6	7	8	9	10	11	12
13	14	15	16	17	18	19
20	21	22	23	24	25	26
27	28					

3 March

SUN	MON	TUE	WED	THU	FRI	SAT
		1	2	3	4	5
6	7	8	9	10	11	12
13	14	15	16	17	18	19
20	21	22	23	24	25	26
27	28	29	30	31		

4 April

SUN	MON	TUE	WED	THU	FRI	SAT
					1	2
3	4	5	6	7	8	9
10	11	12	13	14	15	16
17	18	19	20	21	22	23
24	25	26	27	28	29	30

5 May

SUN	MON	TUE	WED	THU	FRI	SAT
1	2	3	4	5	6	7
8	9	10	11	12	13	14
15	16	17	18	19	20	21
22	23	24	25	26	27	28
29	30	31				

6 June

SUN	MON	TUE	WED	THU	FRI	SAT
			1	2	3	4
5	6	7	8	9	10	11
12	13	14	15	16	17	18
19	20	21	22	23	24	25
26	27	28	29	30		

7 July

SUN	MON	TUE	WED	THU	FRI	SAT
					1	2
3	4	5	6	7	8	9
10	11	12	13	14	15	16
17	18	19	20	21	22	23
24 / 31	25	26	27	28	29	30

8 August

SUN	MON	TUE	WED	THU	FRI	SAT
	1	2	3	4	5	6
7	8	9	10	11	12	13
14	15	16	17	18	19	20
21	22	23	24	25	26	27
28	29	30	31			

9 September

SUN	MON	TUE	WED	THU	FRI	SAT
				1	2	3
4	5	6	7	8	9	10
11	12	13	14	15	16	17
18	19	20	21	22	23	24
25	26	27	28	29	30	

10 October

SUN	MON	TUE	WED	THU	FRI	SAT
						1
2	3	4	5	6	7	8
9	10	11	12	13	14	15
16	17	18	19	20	21	22
23 / 30	24 / 31	25	26	27	28	29

11 November

SUN	MON	TUE	WED	THU	FRI	SAT
		1	2	3	4	5
6	7	8	9	10	11	12
13	14	15	16	17	18	19
20	21	22	23	24	25	26
27	28	29	30			

12 December

SUN	MON	TUE	WED	THU	FRI	SAT
				1	2	3
4	5	6	7	8	9	10
11	12	13	14	15	16	17
18	19	20	21	22	23	24
25	26	27	28	29	30	31

✔ 우리 집 자산 파악하기

항목		금액	비고
현금성 자산	현금/수표		
금융자산	적금		
	예금		
	주식		
	펀드		
	채권		
합계		₩	
부동산	자가		
	전월세 보증금		
합계		₩	
기타 자산	빌려준 돈		
	승용차		
합계		₩	
부채	대출금		
	주택대출		
	자동차할부금		
합계		₩	
총자산		₩	
순자산		₩	

※ 총자산은 부채를 포함한 자산의 합, 순자산은 총자산에서 총부채를 뺀 값입

2021 올해의 목표 세우기

건년 한 해 동안 이루고자 하는 목표를 적어보세요. 가족 행사나 자동차 구입 같은 특별한 이벤트도 좋고, 일 년 동안 마련하고 싶은 목
도 좋습니다. 중요한 것은 목표를 세우고 이를 달성하기 위한 계획을 세우는 것입니다.

2021년 목표	
목표 금액	₩
매달 저축액	₩

우리 집 수입과 지출 파악하기

대 우리 집의 수입과 지출 내역을 적어보세요. 수입이 매달 일정하지 않다면 최근 3~6개월 수입의 평균 금액으로 기록하면 됩니다. 지
은 매달 일정하게 나가는 고정지출을 우선적으로 작성하세요.

수입	금액
합계	₩
지출	금액
출금 상환(주택, 자동차 할부금 등)	
축(적금, 주택청약저축, 비상금 등)	
험료	
과금, 관리비, 통신비 외	
육비	
비 외 소비 지출	
합계	₩

연간 지출 scheduler

	1월	2월	3월	4월	5월	6월
1	신정		삼일절		근로자의 날	
2						
3						
4						
5				식목일	어린이날	
6						현충
7						
8					어버이날	
9						
10						
11						
12		설날				
13						
14						
15					스승의 날	
16						
17						
18						
19					부처님 오신 날	
20						
21						
22						
23						
24						
25						
26		정월대보름				
27						
28						
29						
30						
31						
예상 지출	₩	₩	₩	₩	₩	₩

월	8월	9월	10월	11월	12월	
						1
						2
			개천절			3
						4
						5
						6
						7
						8
			한글날			9
						10
						11
						12
						13
						14
	광복절					15
						16
헌절						17
						18
						19
						20
		추석				21
						22
						23
						24
					성탄절	25
						26
						27
						28
						29
						30
						31
	₩	₩	₩	₩	₩	예상 지출

2020

11
NOVEMBER

○ 이번 달 주요일정

○ 이번 달 절약 목표

MONDAY	TUESDAY	WEDNESDAY	THURSDA
2	3	4	5
9	10	11	12
16	17	18	19
23/30	24	25	26

FRIDAY	SATURDAY	SUNDAY
		1 음 09.16
	7 입동	8
	14	15 음 10.01
	21	22 소설
	28	29 음 10.15

이달의 예산

이 달의 예상 수입액
₩

▶ 월급 등의 정기수입과 인센티브, 예금 이자 등의 돌발수입의 총액을 적으세요.

이 달의 저축 목표액
₩

▶ 꿈을 이루기 위한 재테크의 씨앗, 저축. 이번 달에도 열심히 모아볼까요?

이 달의 지출 목표액	
주거비	
관리비	
공과금	
통신비	
교육비	
교통유류비	
보험료	
용돈	
합계	₩

▶ 고정적으로 지출하는 금액부터 적으세요. 그리고 '월간 결산'의 예산 항목을 적고 실제 지출액과 비교해보면 돈이 새는 곳이 한눈에 보입니다.

예산 총액	₩

▶ 저축액+지출액을 말합니다. 이 금액을 한 달의 날짜 수로 나누면 하루의 예산이 됩니다.

	26 / MON	27 / TUE	28 / WED	29 / THU
오늘 예산	₩	₩	₩	₩
식비				
생활용품				
교통유류비				
의류미용비				
여가활동비				
의료비				
기타 지출				
저축				
지출 합계	₩	₩	₩	₩
수입				
예산 잔액				

오늘의 소비 점수	점	점	점	점
이번 주 소비 한 줄 평가하기				

30 / FRI	31 / SAT	1 / SUN
₩	₩	₩
₩	₩	₩
점	점	점

11
NOVEMBER

MEMO

주간 결산	
이번 주 예산	₩
총지출 식비	
생활용품	
교통유류비	
의류미용비	
여가활동비	
의료비	
총 기타 지출	
총 저축	
지출 합계	
총 수입	
이번 주 손익	
이번 주 소비 점수	점

다음 주 소비 계획과 다짐	

	2 / MON	3 / TUE	4 / WED	5 / THU
오늘 예산	₩	₩	₩	₩
식비				
생활용품				
교통유류비				
의류미용비				
여가활동비				
의료비				
기타 지출				
저축				
지출 합계	₩	₩	₩	₩
수입				
예산 잔액				

오늘의 소비 점수	점	점	점	점
이번 주 소비 한 줄 평가하기				

6 / FRI	7 / SAT	8 / SUN
	₩	₩
	₩	₩
점	점	점

11
NOVEMBER

MEMO

주간 결산	
이번 주 예산	₩
총지출 식비	
생활용품	
교통유류비	
의류미용비	
여가활동비	
의료비	
총 기타 지출	
총 저축	
지출 합계	
총 수입	
이번 주 손익	

이번 주 소비 점수	점

다음 주 소비 계획과 다짐	

	9 / MON	10 / TUE	11 / WED	12 / THU
오늘 예산	₩	₩	₩	₩
식비				
생활용품				
교통유류비				
의류미용비				
여가활동비				
의료비				
기타 지출				
저축				
지출 합계	₩	₩	₩	₩
수입				
예산 잔액				

오늘의 소비 점수	점	점	점	
이번 주 소비 한 줄 평가하기				

13 / FRI	14 / SAT	15 / SUN
	₩	₩
	₩	₩
점	점	점

11
NOVEMBER

MEMO

주간 결산	
이번 주 예산	₩
총지출 식비	
생활용품	
교통유류비	
의류미용비	
여가활동비	
의료비	
총 기타 지출	
총 저축	
지출 합계	
총 수입	
이번 주 손익	

이번 주 소비 점수	점

다음 주 소비 계획과 다짐	

	16 / MON	17 / TUE	18 / WED	19 / THU
오늘 예산	₩	₩	₩	₩
식비				
생활용품				
교통유류비				
의류미용비				
여가활동비				
의료비				
기타 지출				
저축				
지출 합계	₩	₩	₩	₩
수입				
예산 잔액				

오늘의 소비 점수	점	점	점	
이번 주 소비 한 줄 평가하기				

20 / FRI	21 / SAT	22 / SUN
	₩	₩
	₩	₩
점	점	점

11
NOVEMBER

11월

MEMO

주간 결산	
이번 주 예산	₩
총지출 식비	
생활용품	
교통유류비	
의류미용비	
여가활동비	
의료비	
총 기타 지출	
총 저축	
지출 합계	
총 수입	
이번 주 손익	
이번 주 소비 점수	점

다음 주 소비 계획과 다짐	

	23 / MON	24 / TUE	25 / WED	26 / THU
오늘 예산	₩	₩	₩	₩
식비				
생활용품				
교통유류비				
의류미용비				
여가활동비				
의료비				
기타 지출				
저축				
지출 합계	₩	₩	₩	₩
수입				
예산 잔액				

오늘의 소비 점수	점	점	점	
이번 주 소비 한 줄 평가하기				

27 / FRI	28 / SAT	29 / SUN
	₩	₩
	₩	₩
점	점	점

11
NOVEMBER

MEMO

주간 결산	
이번 주 예산	₩
총지출 식비	
생활용품	
교통유류비	
의류미용비	
여가활동비	
의료비	
총 기타 지출	
총 저축	
지출 합계	
총 수입	
이번 주 손익	

이번 주 소비 점수	점

다음 주 소비 계획과 다짐	

	30 / MON	1 / TUE	2 / WED	3 / THU
오늘 예산	₩	₩	₩	₩
식비				
생활용품				
교통유류비				
의류미용비				
여가활동비				
의료비				
기타 지출				
저축				
지출 합계	₩	₩	₩	₩
수입				
예산 잔액				

오늘의 소비 점수	점	점	점	
이번 주 소비 한 줄 평가하기				

4 / FRI	5 / SAT	6 / SUN
₩	₩	₩
₩	₩	₩

11
NOVEMBER

MEMO

주간 결산	
이번 주 예산	₩
총지출 식비	
생활용품	
교통유류비	
의류미용비	
여가활동비	
의료비	
총 기타 지출	
총 저축	
지출 합계	
총 수입	
이번 주 손익	

점	점	점	이번 주 소비 점수	점

다음 주 소비 계획과 다짐	

11월 결산

수입	이월 금액	예상 수입	실제 수입	차액
총합계	₩			

지출	내용	예산	실제 지출	차액
꿈지출	저축			
고정지출	주거비			
	관리비			
	공과금			
	통신비			
	교육비			
	교통유류비			
	보험료			
	용돈			
변동지출	식비			
	생활용품			
	의료비			
	의류미용비			
	여가활동비			
	총합계	₩	₩	₩

11월의 손익은 얼마인가요?

수입(₩) - 지출(₩) = 총손익(₩)

11월 지출 평가와 다음 달 계획

이번 달 예상 외 지출이 있었나요?		이번 달 카드 대금	
항목1	원	카드	원
항목2	원	카드	원
항목3	원	카드	원
이번 달에 꼭 쓰지 않아도 될 지출이 있었나요?		카드	원
항목1	원	카드	원
항목2	원	카드	원
항목3	원	총	원

★ 이번 달에 아낄 수 있던 금액은 총 원입니다.

+ MONEY PLAN +

이번 달 절약 목표 셀프 피드백 하기

○ 이번 달 주요일정

○ 이번 달 절약 목표

MONDAY	TUESDAY	WEDNESDAY	THURSDA
	1 음 10.17	2	3
7 대설	8	9	10
14	15 음 11.01	16	17
21 동지	22	23	24
28	29 음11.15	30	31

FRIDAY	SATURDAY	SUNDAY
	5	6
	12	13
	19	20
절	26	27

이달의 예산

이 달의 예상 수입액
₩

▶ 월급 등의 정기수입과 인센티브, 예금 이자 등의 돌발수입의 총액을 적으세요.

이 달의 저축 목표액
₩

▶ 꿈을 이루기 위한 재테크의 씨앗, 저축. 이번 달에도 열심히 모아볼까요?

이 달의 지출 목표액	
주거비	
관리비	
공과금	
통신비	
교육비	
교통유류비	
보험료	
용돈	
합계	₩

▶ 고정적으로 지출하는 금액부터 적으세요. 그리고 '월간 결산'의 예산 항목을 적고 실제 지출액과 비교해보면 돈이 새는 곳이 한눈에 보입니다.

예산 총액	₩

▶ 저축액+지출액을 말합니다. 이 금액을 한 달의 날짜 수로 나누면 하루의 예산이 됩니다.

	30 / MON	1 / TUE	2 / WED	3 / THU
오늘 예산	₩	₩	₩	₩
식비				
생활용품				
교통유류비				
의류미용비				
여가활동비				
의료비				
기타 지출				
저축				
지출 합계	₩	₩	₩	₩
수입				
예산 잔액				

오늘의 소비 점수	점	점	점	점
이번 주 소비 한 줄 평가하기				

4 / FRI	5 / SAT	6 / SUN
₩	₩	₩
₩	₩	₩
점	점	점

12
DECEMBER

12월

MEMO

주간 결산	
이번 주 예산	₩
총지출 식비	
생활용품	
교통유류비	
의류미용비	
여가활동비	
의료비	
총 기타 지출	
총 저축	
지출 합계	
총 수입	
이번 주 손익	

이번 주 소비 점수	점

다음 주 소비 계획과 다짐	

	7 / MON	8 / TUE	9 / WED	10 / THU
오늘 예산	₩	₩	₩	₩
식비				
생활용품				
교통유류비				
의류미용비				
여가활동비				
의료비				
기타 지출				
저축				
지출 합계	₩	₩	₩	₩
수입				
예산 잔액				

오늘의 소비 점수	점	점	점	점
이번 주 소비 한 줄 평가하기				

11 / FRI	12 / SAT	13 / SUN
	₩	₩
	₩	₩
점	점	점

12
DECEMBER

MEMO

주간 결산	
이번 주 예산	₩
총지출 식비	
생활용품	
교통유류비	
의류미용비	
여가활동비	
의료비	
총 기타 지출	
총 저축	
지출 합계	
총 수입	
이번 주 손익	

이번 주 소비 점수	점

다음 주 소비 계획과 다짐	

	14 / MON	15 / TUE	16 / WED	17 / THU
오늘 예산	₩	₩	₩	₩
식비				
생활용품				
교통유류비				
의류미용비				
여가활동비				
의료비				
기타 지출				
저축				
지출 합계	₩	₩	₩	₩
수입				
예산 잔액				

오늘의 소비 점수	점	점	점	
이번 주 소비 한 줄 평가하기				

18 / FRI	19 / SAT	20 / SUN
	₩	₩
	₩	₩
점	점	점

12
DECEMBER

12월

MEMO

주간 결산	
이번 주 예산	₩
총지출 식비	
생활용품	
교통유류비	
의류미용비	
여가활동비	
의료비	
총 기타 지출	
총 저축	
지출 합계	
총 수입	
이번 주 손익	
이번 주 소비 점수	점

다음 주 소비 계획과 다짐	

	21 / MON	22 / TUE	23 / WED	24 / THU
오늘 예산	₩	₩	₩	₩
식비				
생활용품				
교통유류비				
의류미용비				
여가활동비				
의료비				
기타 지출				
저축				
지출 합계	₩	₩	₩	₩
수입				
예산 잔액				

오늘의 소비 점수	점	점	점	
이번 주 소비 한 줄 평가하기				

25 / FRI	26 / SAT	27 / SUN
	₩	₩
	₩	₩
점	점	점

MEMO

주간 결산	
이번 주 예산	₩
총지출 식비	
생활용품	
교통유류비	
의류미용비	
여가활동비	
의료비	
총 기타 지출	
총 저축	
지출 합계	
총 수입	
이번 주 손익	
이번 주 소비 점수	점

다음 주 소비 계획과 다짐	

	28 / MON	29 / TUE	30 / WED	31 / THU
오늘 예산	₩	₩	₩	₩
식비				
생활용품				
교통유류비				
의류미용비				
여가활동비				
의료비				
기타 지출				
저축				
지출 합계	₩	₩	₩	₩
수입				
예산 잔액				

오늘의 소비 점수	점	점	점	
이번 주 소비 한 줄 평가하기				

1 / FRI	2 / SAT	3 / SUN
	₩	₩
	₩	₩
점	점	점

12
DECEMBER

MEMO

주간 결산	
이번 주 예산	₩
총지출 식비	
생활용품	
교통유류비	
의류미용비	
여가활동비	
의료비	
총 기타 지출	
총 저축	
지출 합계	
총 수입	
이번 주 손익	
이번 주 소비 점수	점

다음 주 소비 계획과 다짐	

12월 결산

수입	이월 금액	예상 수입	실제 수입	차액
총합계	₩			

지출	내용	예산	실제 지출	차액
꿈지출	저축			
고정지출	주거비			
	관리비			
	공과금			
	통신비			
	교육비			
	교통유류비			
	보험료			
	용돈			
변동지출	식비			
	생활용품			
	의료비			
	의류미용비			
	여가활동비			
총합계		₩	₩	₩

12월의 손익은 얼마인가요?

수입(₩) - 지출(₩) = 총손익(₩)

12월 지출 평가와 다음 달 계획				
이번 달 예상 외 지출이 있었나요?			이번 달 카드 대금	
항목1		원	카드	원
항목2		원	카드	원
항목3		원	카드	원
이번 달에 꼭 쓰지 않아도 될 지출이 있었나요?			카드	원
항목1		원	카드	원
항목2		원	카드	원
항목3		원	총	원
★ 이번 달에 아낄 수 있던 금액은 총			원입니다.	

+ MONEY PLAN +

이번 달 절약 목표 셀프 피드백 하기

2021

1
JANUARY

○ 이번 달 주요일정

○ 이번 달 절약 목표

MONDAY	TUESDAY	WEDNESDAY	THURSDA
4	5 소한	6	7
11	12	13 음 12.01	14
18	19	20	21
25	26	27 음 12.15	28

FRIDAY	SATURDAY	SUNDAY
18 신정	2	3
	9	10
	16	17
	23	24
	30	31

이달의 예산

이 달의 예상 수입액
₩

▸ 월급 등의 정기수입과 인센티브, 예금 이자 등의 돌발수입의 총액을 적으세요.

이 달의 저축 목표액
₩

▸ 꿈을 이루기 위한 재테크의 씨앗, 저축. 이번 달에도 열심히 모아볼까요?

이 달의 지출 목표액	
주거비	
관리비	
공과금	
통신비	
교육비	
교통유류비	
보험료	
용돈	
합계	₩

▸ 고정적으로 지출하는 금액부터 적으세요. 그리고 '월간 결산'의 예산 항목을 적고 실제 지출액과 비교해보면 돈이 새는 곳이 한눈에 보입니다.

예산 총액	₩

▸ 저축액+지출액을 말합니다. 이 금액을 한 달의 날짜 수로 나누면 하루의 예산이 됩니다.

	28 / MON	29 / TUE	30 / WED	31 / THU
오늘 예산	₩	₩	₩	₩
식비				
생활용품				
교통유류비				
의류미용비				
여가활동비				
의료비				
기타 지출				
저축				
지출 합계	₩	₩	₩	₩
수입				
예산 잔액				

오늘의 소비 점수	점	점	점	점
이번 주 소비 한 줄 평가하기				

1 / FRI	2 / SAT	3 / SUN
₩	₩	₩
₩	₩	₩
점	점	점

01
JANUARY

MEMO

1월

주간 결산	
이번 주 예산	₩
총지출 식비	
생활용품	
교통유류비	
의류미용비	
여가활동비	
의료비	
총 기타 지출	
총 저축	
지출 합계	
총 수입	
이번 주 손익	
이번 주 소비 점수	점

다음 주 소비 계획과 다짐	

	4 / MON	5 / TUE	6 / WED	7 / THU
오늘 예산	₩	₩	₩	₩
식비				
생활용품				
교통유류비				
의류미용비				
여가활동비				
의료비				
기타 지출				
저축				
지출 합계	₩	₩	₩	₩
수입				
예산 잔액				

오늘의 소비 점수	점	점	점	점
이번 주 소비 한 줄 평가하기				

8 / FRI	9 / SAT	10 / SUN
₩	₩	₩
₩	₩	₩
점	점	점

01
JANUARY

MEMO

1월

주간 결산	
이번 주 예산	₩
총지출 식비	
생활용품	
교통유류비	
의류미용비	
여가활동비	
의료비	
총 기타 지출	
총 저축	
지출 합계	
총 수입	
이번 주 손익	
이번 주 소비 점수	점

다음 주 소비 계획과 다짐	

	11 / MON	12 / TUE	13 / WED	14 / THU
오늘 예산	₩	₩	₩	₩
식비				
생활용품				
교통유류비				
의류미용비				
여가활동비				
의료비				
기타 지출				
저축				
지출 합계	₩	₩	₩	₩
수입				
예산 잔액				

오늘의 소비 점수	점	점	점	점
이번 주 소비 한 줄 평가하기				

15 / FRI	16 / SAT	17 / SUN
₩	₩	₩
₩	₩	₩
점	점	점

MEMO

주간 결산	
이번 주 예산	₩
총지출 식비	
생활용품	
교통유류비	
의류미용비	
여가활동비	
의료비	
총 기타 지출	
총 저축	
지출 합계	
총 수입	
이번 주 손익	
이번 주 소비 점수	점

다음 주 소비 계획과 다짐	

	18 / MON	19 / TUE	20 / WED	21 / THU
오늘 예산	₩	₩	₩	₩
식비				
생활용품				
교통유류비				
의류미용비				
여가활동비				
의료비				
기타 지출				
저축				
지출 합계	₩	₩	₩	₩
수입				
예산 잔액				

오늘의 소비 점수	점	점	점	
이번 주 소비 한 줄 평가하기				

22 / FRI	23 / SAT	24 / SUN
	₩	₩
	₩	₩
점	점	점

MEMO

주간 결산	
이번 주 예산	₩
총지출 식비	
생활용품	
교통유류비	
의류미용비	
여가활동비	
의료비	
총 기타 지출	
총 저축	
지출 합계	
총 수입	
이번 주 손익	

이번 주 소비 점수	점

다음 주 소비 계획과 다짐	

1월

	25 / MON	26 / TUE	27 / WED	28 / THU
오늘 예산	₩	₩	₩	₩
식비				
생활용품				
교통유류비				
의류미용비				
여가활동비				
의료비				
기타 지출				
저축				
지출 합계	₩	₩	₩	₩
수입				
예산 잔액				

오늘의 소비 점수	점	점	점	
이번 주 소비 한 줄 평가하기				

29 / FRI	30 / SAT	31 / SUN
	₩	₩
	₩	₩

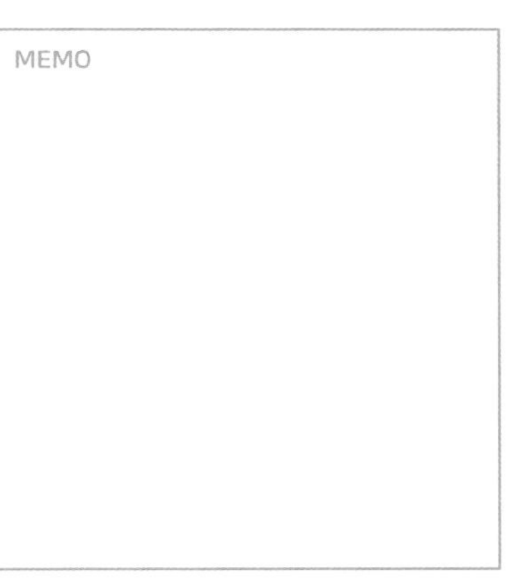

1월

주간 결산	
이번 주 예산	₩
총지출 식비	
생활용품	
교통유류비	
의류미용비	
여가활동비	
의료비	
총 기타 지출	
총 저축	
지출 합계	
총 수입	
이번 주 손익	

점	점	점	이번 주 소비 점수	점

다음 주 소비 계획과 다짐	

1월 결산

수입	이월 금액	예상 수입	실제 수입	차액
총합계	₩			

지출	내용	예산	실제 지출	차액
꿈지출	저축			
고정지출	주거비			
	관리비			
	공과금			
	통신비			
	교육비			
	교통유류비			
	보험료			
	용돈			
변동지출	식비			
	생활용품			
	의료비			
	의류미용비			
	여가활동비			
총합계		₩	₩	₩

1월의 손익은 얼마인가요?

수입(₩) - 지출(₩) = 총손익(₩)

1월 지출 평가와 다음 달 계획

이번 달 예상 외 지출이 있었나요?			이번 달 카드 대금	
목1		원	카드	원
목2		원	카드	원
목3		원	카드	원
이번 달에 꼭 쓰지 않아도 될 지출이 있었나요?			카드	원
목1		원	카드	원
목2		원	카드	원
목3		원	총	원

★ 이번 달에 아낄 수 있던 금액은 총 원입니다.

+ MONEY PLAN +

이번 달 절약 목표 셀프 피드백 하기

○ 이번 달 주요일정

○ 이번 달 절약 목표

MONDAY	TUESDAY	WEDNESDAY	THURSD
1 음 12.20	2	3 입춘	4
8	9	10	11
15	16	17	18 우수
22	23	24	25

FRIDAY	SATURDAY	SUNDAY
	6	7
1.01 설날	13	14
	20	21
1.15 정월대보름	27	28

이달의 예산

이 달의 예상 수입액
₩

▸ 월급 등의 정기수입과 인센티브, 예금 이자 등의 돌발수입의 총액을 적으세요.

이 달의 저축 목표액
₩

▸ 꿈을 이루기 위한 재테크의 씨앗, 저축. 이번 달에도 열심히 모아볼까요?

이 달의 지출 목표액	
주거비	
관리비	
공과금	
통신비	
교육비	
교통유류비	
보험료	
용돈	
합계	₩

▸ 고정적으로 지출하는 금액부터 적으세요. 그리고 '월간 결산'의 예산 항목을 적고 실제 지출액과 비교해보면 돈이 새는 곳이 한눈에 보입니다.

예산 총액	₩

▸ 저축액+지출액을 말합니다. 이 금액을 한 달의 날짜 수로 나누면 하루의 예산이 됩니다.

	1 / MON	2 / TUE	3 / WED	4 / THU
오늘 예산	₩	₩	₩	₩
식비				
생활용품				
교통유류비				
의류미용비				
여가활동비				
의료비				
기타 지출				
저축				
지출 합계	₩	₩	₩	₩
수입				
예산 잔액				

오늘의 소비 점수	점	점	점	
이번 주 소비 한 줄 평가하기				

5 / FRI	6 / SAT	7 / SUN
₩	₩	₩
₩	₩	₩
점	점	점

02
FEBRUARY

MEMO

2월

주간 결산	
이번 주 예산	₩
총지출 식비	
생활용품	
교통유류비	
의류미용비	
여가활동비	
의료비	
총 기타 지출	
총 저축	
지출 합계	
총 수입	
이번 주 손익	
이번 주 소비 점수	점

다음 주 소비 계획과 다짐	

	8 / MON	9 / TUE	10 / WED	11 / THU
오늘 예산	₩	₩	₩	₩
식비				
생활용품				
교통유류비				
의류미용비				
여가활동비				
의료비				
기타 지출				
저축				
지출 합계	₩	₩	₩	₩
수입				
예산 잔액				

오늘의 소비 점수	점	점	점	
이번 주 소비 한 줄 평가하기				

12 / FRI	13 / SAT	14 / SUN
₩	₩	₩
₩	₩	₩
점	점	점

02
FEBRUARY

MEMO

주간 결산	
이번 주 예산	₩
총지출 식비	
생활용품	
교통유류비	
의류미용비	
여가활동비	
의료비	
총 기타 지출	
총 저축	
지출 합계	
총 수입	
이번 주 손익	
이번 주 소비 점수	점

다음 주 소비 계획과 다짐	

	15 / MON	16 / TUE	17 / WED	18 / THU
오늘 예산	₩	₩	₩	₩
식비				
생활용품				
교통유류비				
의류미용비				
여가활동비				
의료비				
기타 지출				
저축				
지출 합계	₩	₩	₩	₩
수입				
예산 잔액				

오늘의 소비 점수	점	점	점	점
이번 주 소비 한 줄 평가하기				

19 / FRI	20 / SAT	21 / SUN
₩	₩	₩
₩	₩	₩
점	점	점

02
FEBRUARY

MEMO

2월

주간 결산	
이번 주 예산	₩
총지출 식비	
생활용품	
교통유류비	
의류미용비	
여가활동비	
의료비	
총 기타 지출	
총 저축	
지출 합계	
총 수입	
이번 주 손익	
이번 주 소비 점수	점

다음 주 소비 계획과 다짐	

	22 / MON	23 / TUE	24 / WED	25 / THU
오늘 예산	₩	₩	₩	₩
식비				
생활용품				
교통유류비				
의류미용비				
여가활동비				
의료비				
기타 지출				
저축				
지출 합계	₩	₩	₩	₩
수입				
예산 잔액				

오늘의 소비 점수	점	점	점	점
이번 주 소비 한 줄 평가하기				

26 / FRI	27 / SAT	28 / SUN
	₩	₩
	₩	₩
점	점	점

2월

주간 결산	
이번 주 예산	₩
총지출 식비	
생활용품	
교통유류비	
의류미용비	
여가활동비	
의료비	
총 기타 지출	
총 저축	
지출 합계	
총 수입	
이번 주 손익	

이번 주 소비 점수	점

다음 주 소비 계획과 다짐	

2월 결산

수입	이월 금액	예상 수입	실제 수입	차액
총합계	₩			

지출	내용	예산	실제 지출	차액
꿈지출	저축			
고정지출	주거비			
	관리비			
	공과금			
	통신비			
	교육비			
	교통유류비			
	보험료			
	용돈			
변동지출	식비			
	생활용품			
	의료비			
	의류미용비			
	여가활동비			
총합계		₩	₩	₩

2월의 손익은 얼마인가요?

수입(₩) - 지출(₩) = 총손익(₩)

2월 지출 평가와 다음 달 계획

이번 달 예상 외 지출이 있었나요?		이번 달 카드 대금	
항목1	원	카드	원
항목2	원	카드	원
항목3	원	카드	원
이번 달에 꼭 쓰지 않아도 될 지출이 있었나요?		카드	원
항목1	원	카드	원
항목2	원	카드	원
항목3	원	총	원

★ 이번 달에 아낄 수 있던 금액은 총 원입니다.

+ MONEY PLAN +

이번 달 절약 목표 셀프 피드백 하기

○ 이번 달 주요일정

○ 이번 달 절약 목표

MONDAY	TUESDAY	WEDNESDAY	THURSDA
1 음 01.18 삼일절	2	3	4
8	9	10	11
15	16	17	18
22	23	24	25
29	30	31	

FRIDAY	SATURDAY	SUNDAY
	6	7
	13 음 02.01	14
	20 춘분	21
	27 음 02.15	28

이달의 예산

이 달의 예상 수입액
₩

▸ 월급 등의 정기수입과 인센티브, 예금 이자 등의 돌발수입의 총액을 적으세요.

이 달의 저축 목표액
₩

▸ 꿈을 이루기 위한 재테크의 씨앗, 저축. 이번 달에도 열심히 모아볼까요?

이 달의 지출 목표액	
주거비	
관리비	
공과금	
통신비	
교육비	
교통유류비	
보험료	
용돈	
합계	₩

▸ 고정적으로 지출하는 금액부터 적으세요. 그리고 '월간 결산'의 예산 항목을 적고 실제 지출액과 비교해보면 돈이 새는 곳이 한눈에 보입니다.

예산 총액	₩

▸ 저축액+지출액을 말합니다. 이 금액을 한 달의 날짜 수로 나누면 하루의 예산이 됩니다.

	1 / MON	2 / TUE	3 / WED	4 / THU
오늘 예산	₩	₩	₩	₩
식비				
생활용품				
교통유류비				
의류미용비				
여가활동비				
의료비				
기타 지출				
저축				
지출 합계	₩	₩	₩	₩
수입				
예산 잔액				

오늘의 소비 점수	점	점	점	
이번 주 소비 한 줄 평가하기				

5 / FRI	6 / SAT	7 / SUN
	₩	₩
	₩	₩
점	점	점

주간 결산	
이번 주 예산	₩
총지출 식비	
생활용품	
교통유류비	
의류미용비	
여가활동비	
의료비	
총 기타 지출	
총 저축	
지출 합계	
총 수입	
이번 주 손익	

이번 주 소비 점수	점

다음 주 소비 계획과 다짐	

3월

	8 / MON	9 / TUE	10 / WED	11 / THU
오늘 예산	₩	₩	₩	₩
식비				
생활용품				
교통유류비				
의류미용비				
여가활동비				
의료비				
기타 지출				
저축				
지출 합계	₩	₩	₩	₩
수입				
예산 잔액				

오늘의 소비 점수	점	점	점	
이번 주 소비 한 줄 평가하기				

12 / FRI	13 / SAT	14 / SUN
	₩	₩
	₩	₩
점	점	점

03
MARCH

MEMO

주간 결산	
이번 주 예산	₩
총지출 식비	
생활용품	
교통유류비	
의류미용비	
여가활동비	
의료비	
총 기타 지출	
총 저축	
지출 합계	
총 수입	
이번 주 손익	
이번 주 소비 점수	점

다음 주 소비 계획과 다짐	

	15 / MON	16 / TUE	17 / WED	18 / THU
오늘 예산	₩	₩	₩	₩
식비				
생활용품				
교통유류비				
의류미용비				
여가활동비				
의료비				
기타 지출				
저축				
지출 합계	₩	₩	₩	₩
수입				
예산 잔액				

오늘의 소비 점수	점	점	점	
이번 주 소비 한 줄 평가하기				

19 / FRI	20 / SAT	21 / SUN
	₩	₩
	₩	₩
점	점	점

03
MARCH

MEMO

주간 결산	
이번 주 예산	₩
총지출 식비	
생활용품	
교통유류비	
의류미용비	
여가활동비	
의료비	
총 기타 지출	
총 저축	
지출 합계	
총 수입	
이번 주 손익	

이번 주 소비 점수	점

다음 주 소비 계획과 다짐	

	22 / MON	23 / TUE	24 / WED	25 / THU
오늘 예산	₩	₩	₩	₩
식비				
생활용품				
교통유류비				
의류미용비				
여가활동비				
의료비				
기타 지출				
저축				
지출 합계	₩	₩	₩	₩
수입				
예산 잔액				

오늘의 소비 점수	점	점	점	
이번 주 소비 한 줄 평가하기				

26 / FRI	27 / SAT	28 / SUN
₩	₩	₩
₩	₩	₩
점	점	점

3월

주간 결산	
이번 주 예산	₩
총지출 식비	
생활용품	
교통유류비	
의류미용비	
여가활동비	
의료비	
총 기타 지출	
총 저축	
지출 합계	
총 수입	
이번 주 손익	

이번 주 소비 점수	점

다음 주 소비 계획과 다짐	

	29 / MON	30 / TUE	31 / WED	1 / THU
오늘 예산	₩	₩	₩	₩
식비				
생활용품				
교통유류비				
의류미용비				
여가활동비				
의료비				
기타 지출				
저축				
지출 합계	₩	₩	₩	₩
수입				
예산 잔액				

오늘의 소비 점수	점	점	점	점
이번 주 소비 한 줄 평가하기				

2 / FRI	3 / SAT	4 / SUN
₩	₩	₩
₩	₩	₩

MEMO

주간 결산	
이번 주 예산	₩
총지출 식비	
생활용품	
교통유류비	
의류미용비	
여가활동비	
의료비	
총 기타 지출	
총 저축	
지출 합계	
총 수입	
이번 주 손익	

점	점	점	이번 주 소비 점수	점

다음 주 소비 계획과 다짐	

3월

3월 결산

수입	이월 금액	예상 수입	실제 수입	차액
총합계	₩			

지출	내용	예산	실제 지출	차액
꿈지출	저축			
고정지출	주거비			
	관리비			
	공과금			
	통신비			
	교육비			
	교통유류비			
	보험료			
	용돈			
변동지출	식비			
	생활용품			
	의료비			
	의류미용비			
	여가활동비			
총합계		₩	₩	₩

3월의 손익은 얼마인가요?

수입(₩) - 지출(₩) = 총손익(₩)

3월 지출 평가와 다음 달 계획

이번 달 예상 외 지출이 있었나요?			이번 달 카드 대금	
항목1		원	카드	원
항목2		원	카드	원
항목3		원	카드	원
이번 달에 꼭 쓰지 않아도 될 지출이 있었나요?			카드	원
항목1		원	카드	원
항목2		원	카드	원
항목3		원	총	원

★ 이번 달에 아낄 수 있던 금액은 총 원입니다.

+ MONEY PLAN +

이번 달 절약 목표 셀프 피드백 하기

2021년 1분기 결산

▸ 1~3월까지의 수입, 지출 내역을 정리해보세요.

수입	이월 금액	예상 수입	실제 수입	차액
총합계	₩			

지출	내용	예산	실제 지출	차액
꿈지출	저축			
고정지출	주거비			
	관리비			
	공과금			
	통신비			
	교육비			
	교통유류비			
	보험료			
	용돈			
변동지출	식비			
	생활용품			
	의료비			
	의류미용비			
	여가활동비			
총합계		₩	₩	₩

1분기의 손익은 얼마인가요?

수입(₩) - 지출(₩) = 총손익(₩)

1분기 지출 평가하기		
이번 분기에 가장 큰 지출은 무엇인가요?		비고
항목1	원	
항목2	원	
항목3	원	
이번 분기에 가장 아까운 지출은 무엇인가요?		비고
항목1	원	
항목2	원	
항목3	원	

이번 분기의 지출 내용에 대한 평가와 다짐을 적어보세요.

2021 올해의 목표 중간 점검하기		
2021년 목표 금액	1분기까지 모은 금액	남은 금액

올해의 목표 달성을 위한 중간 평가와 다짐을 적어보세요.

○ 이번 달 주요일정

○ 이번 달 절약 목표

MONDAY	TUESDAY	WEDNESDAY	THURSD
			1 음 02.20
5 한식	6	7	8
12 음 03.01	13	14	15
19	20 곡우	21	22
26 음 03.15	27	28	29

FRIDAY	SATURDAY	SUNDAY
	3	4 청명
	10	11
	17	18
	24	25

이달의 예산

이 달의 예상 수입액
₩

▸ 월급 등의 정기수입과 인센티브, 예금 이자 등의 돌발수입의 총액을 적으세요.

이 달의 저축 목표액
₩

▸ 꿈을 이루기 위한 재테크의 씨앗, 저축. 이번 달에도 열심히 모아볼까요?

이 달의 지출 목표액	
주거비	
관리비	
공과금	
통신비	
교육비	
교통유류비	
보험료	
용돈	
합계	₩

▸ 고정적으로 지출하는 금액부터 적으세요. 그리고 '월간 결산'의 예산 항목을 적고 실제 지출액과 비교해보면 돈이 새는 곳이 한눈에 보입니다.

예산 총액	₩

▸ 저축액+지출액을 말합니다. 이 금액을 한 달의 날짜 수로 나누면 하루의 예산이 됩니다.

	29 / MON	30 / TUE	31 / WED	1 / THU
오늘 예산	₩	₩	₩	₩
식비				
생활용품				
교통유류비				
의류미용비				
여가활동비				
의료비				
기타 지출				
저축				
지출 합계	₩	₩	₩	₩
수입				
예산 잔액				

오늘의 소비 점수	점	점	점	점
이번 주 소비 한 줄 평가하기				

2 / FRI	3 / SAT	4 / SUN
	₩	₩
	₩	₩
점	점	점

주간 결산	
이번 주 예산	₩
총지출 식비	
생활용품	
교통유류비	
의류미용비	
여가활동비	
의료비	
총 기타 지출	
총 저축	
지출 합계	
총 수입	
이번 주 손익	

이번 주 소비 점수	점

다음 주 소비 계획과 다짐	

	5 / MON	6 / TUE	7 / WED	8 / THU
오늘 예산	₩	₩	₩	₩
식비				
생활용품				
교통유류비				
의류미용비				
여가활동비				
의료비				
기타 지출				
저축				
지출 합계	₩	₩	₩	₩
수입				
예산 잔액				

오늘의 소비 점수	점	점	점	
이번 주 소비 한 줄 평가하기				

9 / FRI	10 / SAT	11 / SUN
	₩	₩
	₩	₩
점	점	점

MEMO

주간 결산	
이번 주 예산	₩
총지출 식비	
생활용품	
교통유류비	
의류미용비	
여가활동비	
의료비	
총 기타 지출	
총 저축	
지출 합계	
총 수입	
이번 주 손익	

이번 주 소비 점수	점

다음 주 소비 계획과 다짐	

4월

	12 / MON	13 / TUE	14 / WED	15 / THU
오늘 예산	₩	₩	₩	₩
식비				
생활용품				
교통유류비				
의류미용비				
여가활동비				
의료비				
기타 지출				
저축				
지출 합계	₩	₩	₩	₩
수입				
예산 잔액				

오늘의 소비 점수	점	점	점	
이번 주 소비 한 줄 평가하기				

16 / FRI	17 / SAT	18 / SUN
₩	₩	₩
₩	₩	₩
점	점	점

04
APRIL

MEMO

주간 결산	
이번 주 예산	₩
총지출 식비	
생활용품	
교통유류비	
의류미용비	
여가활동비	
의료비	
총 기타 지출	
총 저축	
지출 합계	
총 수입	
이번 주 손익	
이번 주 소비 점수	점

다음 주 소비 계획과 다짐	

4월

	19 / MON	20 / TUE	21 / WED	22 / THU
오늘 예산	₩	₩	₩	₩
식비				
생활용품				
교통유류비				
의류미용비				
여가활동비				
의료비				
기타 지출				
저축				
지출 합계	₩	₩	₩	₩
수입				
예산 잔액				

오늘의 소비 점수	점	점	점	점
이번 주 소비 한 줄 평가하기				

23 / FRI	24 / SAT	25 / SUN
₩	₩	₩
₩	₩	₩
점	점	점

MEMO

주간 결산	
이번 주 예산	₩
총지출 식비	
생활용품	
교통유류비	
의류미용비	
여가활동비	
의료비	
총 기타 지출	
총 저축	
지출 합계	
총 수입	
이번 주 손익	

이번 주 소비 점수	점

다음 주 소비 계획과 다짐	

	26 / MON	27 / TUE	28 / WED	29 / THU
오늘 예산	₩	₩	₩	₩
식비				
생활용품				
교통유류비				
의류미용비				
여가활동비				
의료비				
기타 지출				
저축				
지출 합계	₩	₩	₩	₩
수입				
예산 잔액				

오늘의 소비 점수	점	점	점	점
이번 주 소비 한 줄 평가하기				

30 / FRI	1 / SAT	2 / SUN
₩	₩	₩
₩	₩	₩
점	점	점

04
APRIL

MEMO

4월

주간 결산	
이번 주 예산	₩
총지출 식비	
생활용품	
교통유류비	
의류미용비	
여가활동비	
의료비	
총 기타 지출	
총 저축	
지출 합계	
총 수입	
이번 주 손익	

이번 주 소비 점수	점

다음 주 소비 계획과 다짐	

수입	이월 금액	예상 수입	실제 수입	차액
총합계	₩			

지출	내용	예산	실제 지출	차액
꿈지출	저축			
고정지출	주거비			
	관리비			
	공과금			
	통신비			
	교육비			
	교통유류비			
	보험료			
	용돈			
변동지출	식비			
	생활용품			
	의료비			
	의류미용비			
	여가활동비			
	총합계	₩	₩	₩

4월의 손익은 얼마인가요?

수입(₩) - 지출(₩) = 총손익(₩)

4월 지출 평가와 다음 달 계획

이번 달 예상 외 지출이 있었나요?		이번 달 카드 대금	
항목1	원	카드	원
항목2	원	카드	원
항목3	원	카드	원
이번 달에 꼭 쓰지 않아도 될 지출이 있었나요?		카드	원
항목1	원	카드	원
항목2	원	카드	원
항목3	원	총	원

★ 이번 달에 아낄 수 있던 금액은 총 원입니다.

+ MONEY PLAN +

이번 달 절약 목표 셀프 피드백 하기

5
MAY

MONDAY	TUESDAY	WEDNESDAY	THURSDAY
3	4	5 어린이날	6
10	11	12 음 04.01	13
17	18	19 부처님 오신 날	20
24/31	25	26 음 04.15	27

○ 이번 달 주요일정

○ 이번 달 절약 목표

FRIDAY	SATURDAY	SUNDAY
	1 음 03.20 근로자의 날	2
	8 어버이날	9
	15 스승의 날	16
	22	23
	29	30

이달의 예산

이 달의 예상 수입액
₩

▸ 월급 등의 정기수입과 인센티브, 예금 이자 등의 돌발수입의 총액을 적으세요.

이 달의 저축 목표액
₩

▸ 꿈을 이루기 위한 재테크의 씨앗, 저축. 이번 달에도 열심히 모아볼까요?

이 달의 지출 목표액	
주거비	
관리비	
공과금	
통신비	
교육비	
교통유류비	
보험료	
용돈	
합계	₩

▸ 고정적으로 지출하는 금액부터 적으세요. 그리고 '월간 결산'의 예산 항목을 적고 실제 지출액과 비교해보면 돈이 새는 곳이 한눈에 보입니다.

예산 총액	₩

▸ 저축액+지출액을 말합니다. 이 금액을 한 달의 날짜 수로 나누면 하루의 예산이 됩니다.

	26 / MON	27 / TUE	28 / WED	29 / THU
오늘 예산	₩	₩	₩	₩
식비				
생활용품				
교통유류비				
의류미용비				
여가활동비				
의료비				
기타 지출				
저축				
지출 합계	₩	₩	₩	₩
수입				
예산 잔액				

오늘의 소비 점수	점	점	점	
이번 주 소비 한 줄 평가하기				

30 / FRI	1 / SAT	2 / SUN
	₩	₩
	₩	₩
점	점	점

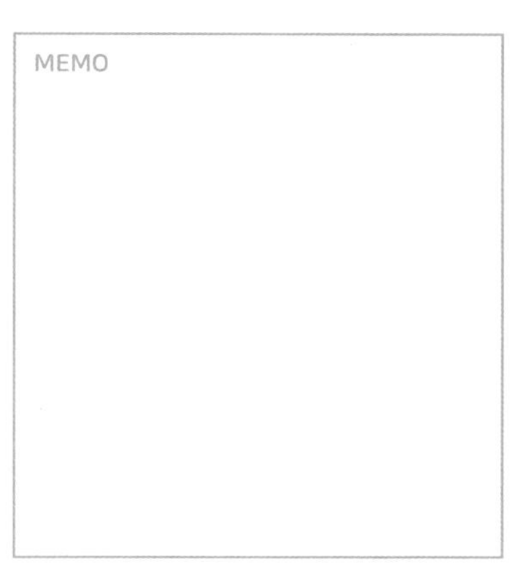

주간 결산	
이번 주 예산	₩
총지출 식비	
생활용품	
교통유류비	
의류미용비	
여가활동비	
의료비	
총 기타 지출	
총 저축	
지출 합계	
총 수입	
이번 주 손익	

이번 주 소비 점수	점

다음 주 소비 계획과 다짐	

5월

	3 / MON	4 / TUE	5 / WED	6 / THU
오늘 예산	₩	₩	₩	₩
식비				
생활용품				
교통유류비				
의류미용비				
여가활동비				
의료비				
기타 지출				
저축				
지출 합계	₩	₩	₩	₩
수입				
예산 잔액				

오늘의 소비 점수	점	점	점	
이번 주 소비 한 줄 평가하기				

7 / FRI	8 / SAT	9 / SUN
₩	₩	₩
₩	₩	₩
점	점	점

05

MAY

MEMO

주간 결산	
이번 주 예산	₩
총지출 식비	
생활용품	
교통유류비	
의류미용비	
여가활동비	
의료비	
총 기타 지출	
총 저축	
지출 합계	
총 수입	
이번 주 손익	

이번 주 소비 점수	점

다음 주 소비 계획과 다짐	

5월

	10 / MON	11 / TUE	12 / WED	13 / THU
오늘 예산	₩	₩	₩	₩
식비				
생활용품				
교통유류비				
의류미용비				
여가활동비				
의료비				
기타 지출				
저축				
지출 합계	₩	₩	₩	₩
수입				
예산 잔액				

오늘의 소비 점수	점	점	점	
이번 주 소비 한 줄 평가하기				

14 / FRI	15 / SAT	16 / SUN
₩	₩	₩
₩	₩	₩
점	점	점

MAY

MEMO

주간 결산	
이번 주 예산	₩
총지출 식비	
생활용품	
교통유류비	
의류미용비	
여가활동비	
의료비	
총 기타 지출	
총 저축	
지출 합계	
총 수입	
이번 주 손익	

이번 주 소비 점수	점

다음 주 소비 계획과 다짐	

5월

	17 / MON	18 / TUE	19 / WED	20 / THU
오늘 예산	₩	₩	₩	₩
식비				
생활용품				
교통유류비				
의류미용비				
여가활동비				
의료비				
기타 지출				
저축				
지출 합계	₩	₩	₩	₩
수입				
예산 잔액				

오늘의 소비 점수	점	점	점	
이번 주 소비 한 줄 평가하기				

21 / FRI	22 / SAT	23 / SUN
₩	₩	₩
₩	₩	₩
점	점	점

MEMO

주간 결산	
이번 주 예산	₩
총지출 식비	
생활용품	
교통유류비	
의류미용비	
여가활동비	
의료비	
총 기타 지출	
총 저축	
지출 합계	
총 수입	
이번 주 손익	
이번 주 소비 점수	점

다음 주 소비 계획과 다짐	

5월

	24 / MON	25 / TUE	26 / WED	27 / THU
오늘 예산	₩	₩	₩	₩
식비				
생활용품				
교통유류비				
의류미용비				
여가활동비				
의료비				
기타 지출				
저축				
지출 합계	₩	₩	₩	₩
수입				
예산 잔액				

오늘의 소비 점수	점	점	점	
이번 주 소비 한 줄 평가하기				

28 / FRI	29 / SAT	30 / SUN
₩	₩	₩
₩	₩	₩
점	점	점

05
MAY

MEMO

주간 결산	
이번 주 예산	₩
총지출 식비	
생활용품	
교통유류비	
의류미용비	
여가활동비	
의료비	
총 기타 지출	
총 저축	
지출 합계	
총 수입	
이번 주 손익	
이번 주 소비 점수	점

다음 주 소비 계획과 다짐	

5월

	31 / MON	1 / TUE	2 / WED	3 / THU
오늘 예산	₩	₩	₩	₩
식비				
생활용품				
교통유류비				
의류미용비				
여가활동비				
의료비				
기타 지출				
저축				
지출 합계	₩	₩	₩	₩
수입				
예산 잔액				

오늘의 소비 점수	점	점	점	점
이번 주 소비 한 줄 평가하기				

4 / FRI	5 / SAT	6 / SUN
₩	₩	₩
₩	₩	₩
점	점	점

05
MAY

MEMO

주간 결산	
이번 주 예산	₩
총지출 식비	
생활용품	
교통유류비	
의류미용비	
여가활동비	
의료비	
총 기타 지출	
총 저축	
지출 합계	
총 수입	
이번 주 손익	

이번 주 소비 점수	점

다음 주 소비 계획과 다짐	

5월

5월 결산

수입	이월 금액	예상 수입	실제 수입	차액
총합계	₩			

지출	내용	예산	실제 지출	차액
꿈지출	저축			
고정지출	주거비			
	관리비			
	공과금			
	통신비			
	교육비			
	교통유류비			
	보험료			
	용돈			
변동지출	식비			
	생활용품			
	의료비			
	의류미용비			
	여가활동비			
	총합계	₩	₩	₩

5월의 손익은 얼마인가요?

수입(₩) - 지출(₩) = 총손익(₩)

5월 지출 평가와 다음 달 계획

이번 달 예상 외 지출이 있었나요?		이번 달 카드 대금	
항목1	원	카드	원
항목2	원	카드	원
항목3	원	카드	원
이번 달에 꼭 쓰지 않아도 될 지출이 있었나요?		카드	원
항목1	원	카드	원
항목2	원	카드	원
항목3	원	총	원

★ 이번 달에 아낄 수 있던 금액은 총 원입니다.

+ MONEY PLAN +

이번 달 절약 목표 셀프 피드백 하기

○ 이번 달 주요일정

○ 이번 달 절약 목표

MONDAY	TUESDAY	WEDNESDAY	THURSD
	1 음 04.21	2	3
7	8	9	10 음 05.01
14 단오	15	16	17
21 하지	22	23	24 음 05.15
28	29	30	

FRIDAY	SATURDAY	SUNDAY
	5 망종	6 현충일
	12	13
	19	20
	26	27

이달의 예산

이 달의 예상 수입액
₩

▸ 월급 등의 정기수입과 인센티브, 예금 이자 등의 돌발수입의 총액을 적으세요.

이 달의 저축 목표액
₩

▸ 꿈을 이루기 위한 재테크의 씨앗, 저축. 이번 달에도 열심히 모아볼까요?

이 달의 지출 목표액	
주거비	
관리비	
공과금	
통신비	
교육비	
교통유류비	
보험료	
용돈	
합계	₩

▸ 고정적으로 지출하는 금액부터 적으세요. 그리고 '월간 결산'의 예산 항목을 적고 실제 지출액과 비교해보면 돈이 새는 곳이 한눈에 보입니다.

예산 총액	₩

▸ 저축액+지출액을 말합니다. 이 금액을 한 달의 날짜 수로 나누면 하루의 예산이 됩니다.

	31 / MON	1 / TUE	2 / WED	3 / THU
오늘 예산	₩	₩	₩	₩
식비				
생활용품				
교통유류비				
의류미용비				
여가활동비				
의료비				
기타 지출				
저축				
지출 합계	₩	₩	₩	₩
수입				
예산 잔액				

오늘의 소비 점수	점	점	점	
이번 주 소비 한 줄 평가하기				

4 / FRI	5 / SAT	6 / SUN
₩	₩	₩
₩	₩	₩
점	점	점

MEMO

주간 결산	
이번 주 예산	₩
총지출 식비	
생활용품	
교통유류비	
의류미용비	
여가활동비	
의료비	
총 기타 지출	
총 저축	
지출 합계	
총 수입	
이번 주 손익	
이번 주 소비 점수	점

다음 주 소비 계획과 다짐	

	7 / MON	8 / TUE	9 / WED	10 / THU
오늘 예산	₩	₩	₩	₩
식비				
생활용품				
교통유류비				
의류미용비				
여가활동비				
의료비				
기타 지출				
저축				
지출 합계	₩	₩	₩	₩
수입				
예산 잔액				

오늘의 소비 점수	점	점	점	점
이번 주 소비 한 줄 평가하기				

11 / FRI	12 / SAT	13 / SUN
	₩	₩
	₩	₩
점	점	점

MEMO

주간 결산	
이번 주 예산	₩
총지출 식비	
생활용품	
교통유류비	
의류미용비	
여가활동비	
의료비	
총 기타 지출	
총 저축	
지출 합계	
총 수입	
이번 주 손익	

이번 주 소비 점수	점

다음 주 소비 계획과 다짐	

6월

	14 / MON	15 / TUE	16 / WED	17 / THU
오늘 예산	₩	₩	₩	₩
식비				
생활용품				
교통유류비				
의류미용비				
여가활동비				
의료비				
기타 지출				
저축				
지출 합계	₩	₩	₩	₩
수입				
예산 잔액				

오늘의 소비 점수	점	점	점	
이번 주 소비 한 줄 평가하기				

18 / FRI	19 / SAT	20 / SUN
₩	₩	₩
₩	₩	₩
점	점	점

MEMO

주간 결산	
이번 주 예산	₩
총지출 식비	
생활용품	
교통유류비	
의류미용비	
여가활동비	
의료비	
총 기타 지출	
총 저축	
지출 합계	
총 수입	
이번 주 손익	

이번 주 소비 점수	점

다음 주 소비 계획과 다짐	

6월

	21 / MON	22 / TUE	23 / WED	24 / THU
오늘 예산	₩	₩	₩	₩
식비				
생활용품				
교통유류비				
의류미용비				
여가활동비				
의료비				
기타 지출				
저축				
지출 합계	₩	₩	₩	₩
수입				
예산 잔액				

오늘의 소비 점수	점	점	점	
이번 주 소비 한 줄 평가하기				

25 / FRI	26 / SAT	27 / SUN
₩	₩	₩
₩	₩	₩
점	점	점

06
JUNE

MEMO

주간 결산	
이번 주 예산	₩
총지출 식비	
생활용품	
교통유류비	
의류미용비	
여가활동비	
의료비	
총 기타 지출	
총 저축	
지출 합계	
총 수입	
이번 주 손익	

이번 주 소비 점수	점

다음 주 소비 계획과 다짐	

6월

	28 / MON	29 / TUE	30 / WED	1 / THU
오늘 예산	₩	₩	₩	₩
식비				
생활용품				
교통유류비				
의류미용비				
여가활동비				
의료비				
기타 지출				
저축				
지출 합계	₩	₩	₩	₩
수입				
예산 잔액				

오늘의 소비 점수	점	점	점	
이번 주 소비 한 줄 평가하기				

2 / FRI	3 / SAT	4 / SUN
₩	₩	₩
₩	₩	₩
점	점	점

06
JUNE

MEMO

주간 결산	
이번 주 예산	₩
총지출 식비	
생활용품	
교통유류비	
의류미용비	
여가활동비	
의료비	
총 기타 지출	
총 저축	
지출 합계	
총 수입	
이번 주 손익	

이번 주 소비 점수	점

다음 주 소비 계획과 다짐	

6월 결산

수입	이월 금액	예상 수입	실제 수입	차액
총합계	₩			

지출	내용	예산	실제 지출	차액
꿈지출	저축			
고정지출	주거비			
	관리비			
	공과금			
	통신비			
	교육비			
	교통유류비			
	보험료			
	용돈			
변동지출	식비			
	생활용품			
	의료비			
	의류미용비			
	여가활동비			
	총합계	₩	₩	₩

6월의 손익은 얼마인가요?

수입(₩) - 지출(₩) = 총손익(₩)

6월 지출 평가와 다음 달 계획

<table>
<tr><th colspan="2">이번 달 예상 외 지출이 있었나요?</th><th colspan="2">이번 달 카드 대금</th></tr>
<tr><td>항목1</td><td>원</td><td>카드</td><td>원</td></tr>
<tr><td>항목2</td><td>원</td><td>카드</td><td>원</td></tr>
<tr><td>항목3</td><td>원</td><td>카드</td><td>원</td></tr>
<tr><th colspan="2">이번 달에 꼭 쓰지 않아도 될 지출이 있었나요?</th><td>카드</td><td>원</td></tr>
<tr><td>항목1</td><td>원</td><td>카드</td><td>원</td></tr>
<tr><td>항목2</td><td>원</td><td>카드</td><td>원</td></tr>
<tr><td>항목3</td><td>원</td><td>총</td><td>원</td></tr>
<tr><td colspan="4">★ 이번 달에 아낄 수 있던 금액은 총 원입니다.</td></tr>
</table>

+ MONEY PLAN +

이번 달 절약 목표 셀프 피드백 하기

2021년 2분기 결산

▸ 4~6월까지의 수입, 지출 내역을 정리해보세요.

수입	이월 금액	예상 수입	실제 수입	차액
총합계	₩			

지출	내용	예산	실제 지출	차액
꿈지출	저축			
고정지출	주거비			
	관리비			
	공과금			
	통신비			
	교육비			
	교통유류비			
	보험료			
	용돈			
변동지출	식비			
	생활용품			
	의료비			
	의류미용비			
	여가활동비			
	총합계	₩	₩	₩

2분기의 손익은 얼마인가요?

수입(₩) - 지출(₩) = 총손익(₩)

2분기 지출 평가하기

이번 분기에 가장 큰 지출은 무엇인가요?		비고
항목1	원	
항목2	원	
항목3	원	

이번 분기에 가장 아까운 지출은 무엇인가요?		비고
항목1	원	
항목2	원	
항목3	원	

이번 분기의 지출 내용에 대한 평가와 다짐을 적어보세요.

2021 올해의 목표 중간 점검하기

2021년 목표 금액	2분기까지 모은 금액	남은 금액

올해의 목표 달성을 위한 중간 평가와 다짐을 적어보세요.

7
JULY

○ 이번 달 주요일정

○ 이번 달 절약 목표

MONDAY	TUESDAY	WEDNESDAY	THURSDA
			1 음 05.22
5	6	7 소서	8
12	13	14	15
19	20	21 중복	22 대서
26	27	28	29

FRIDAY	SATURDAY	SUNDAY
	3	4
	10 음 06.01	11 초복
	17 제헌절	18
	24 음 06.15	25
	31	

이달의 예산

이 달의 예상 수입액
₩

▶ 월급 등의 정기수입과 인센티브, 예금 이자 등의 돌발수입의 총액을 적으세요.

이 달의 저축 목표액
₩

▶ 꿈을 이루기 위한 재테크의 씨앗, 저축. 이번 달에도 열심히 모아볼까요?

이 달의 지출 목표액	
주거비	
관리비	
공과금	
통신비	
교육비	
교통유류비	
보험료	
용돈	
합계	₩

▶ 고정적으로 지출하는 금액부터 적으세요. 그리고 '월간 결산'의 예산 항목을 적고 실제 지출액과 비교해보면 돈이 새는 곳이 한눈에 보입니다.

예산 총액	₩

▶ 저축액+지출액을 말합니다. 이 금액을 한 달의 날짜 수로 나누면 하루의 예산이 됩니다.

	28 / MON	29 / TUE	30 / WED	1 / THU
오늘 예산	₩	₩	₩	₩
식비				
생활용품				
교통유류비				
의류미용비				
여가활동비				
의료비				
기타 지출				
저축				
지출 합계	₩	₩	₩	₩
수입				
예산 잔액				

오늘의 소비 점수	점	점	점	
이번 주 소비 한 줄 평가하기				

2 / FRI	3 / SAT	4 / SUN
	₩	₩
	₩	₩
점	점	점

07
JULY

MEMO

주간 결산	
이번 주 예산	₩
총지출 식비	
생활용품	
교통유류비	
의류미용비	
여가활동비	
의료비	
총 기타 지출	
총 저축	
지출 합계	
총 수입	
이번 주 손익	
이번 주 소비 점수	점

다음 주 소비 계획과 다짐	

	5 / MON	6 / TUE	7 / WED	8 / THU
오늘 예산	₩	₩	₩	₩
식비				
생활용품				
교통유류비				
의류미용비				
여가활동비				
의료비				
기타 지출				
저축				
지출 합계	₩	₩	₩	₩
수입				
예산 잔액				

오늘의 소비 점수	점	점	점	
이번 주 소비 한 줄 평가하기				

9 / FRI	10 / SAT	11 / SUN
₩	₩	₩
₩	₩	₩
점	점	점

07
JULY

MEMO

주간 결산	
이번 주 예산	₩
총지출 식비	
생활용품	
교통유류비	
의류미용비	
여가활동비	
의료비	
총 기타 지출	
총 저축	
지출 합계	
총 수입	
이번 주 손익	

이번 주 소비 점수	점

다음 주 소비 계획과 다짐	

	12 / MON	13 / TUE	14 / WED	15 / THU
오늘 예산	₩	₩	₩	₩
식비				
생활용품				
교통유류비				
의류미용비				
여가활동비				
의료비				
기타 지출				
저축				
지출 합계	₩	₩	₩	₩
수입				
예산 잔액				

오늘의 소비 점수	점	점	점	
이번 주 소비 한 줄 평가하기				

16 / FRI	17 / SAT	18 / SUN
₩	₩	₩
	₩	₩
점	점	점

MEMO

주간 결산	
이번 주 예산	₩
총지출 식비	
생활용품	
교통유류비	
의류미용비	
여가활동비	
의료비	
총 기타 지출	
총 저축	
지출 합계	
총 수입	
이번 주 손익	

이번 주 소비 점수	점

다음 주 소비 계획과 다짐	

7월

	19 / MON	20 / TUE	21 / WED	22 / THU
오늘 예산	₩	₩	₩	₩
식비				
생활용품				
교통유류비				
의류미용비				
여가활동비				
의료비				
기타 지출				
저축				
지출 합계	₩	₩	₩	₩
수입				
예산 잔액				

오늘의 소비 점수	점	점	점	
이번 주 소비 한 줄 평가하기				

23 / FRI	24 / SAT	25 / SUN
₩	₩	₩
₩	₩	₩
점	점	점

MEMO

주간 결산	
이번 주 예산	₩
총지출 식비	
생활용품	
교통유류비	
의류미용비	
여가활동비	
의료비	
총 기타 지출	
총 저축	
지출 합계	
총 수입	
이번 주 손익	
이번 주 소비 점수	점

다음 주 소비 계획과 다짐	

7월

	26 / MON	27 / TUE	28 / WED	29 / THU
오늘 예산	₩	₩	₩	₩
식비				
생활용품				
교통유류비				
의류미용비				
여가활동비				
의료비				
기타 지출				
저축				
지출 합계	₩	₩	₩	₩
수입				
예산 잔액				

오늘의 소비 점수	점	점	점	
이번 주 소비 한 줄 평가하기				

30 / FRI	31 / SAT	1 / SUN
₩	₩	₩
₩	₩	₩
점	점	점

07
JULY

MEMO

주간 결산	
이번 주 예산	₩
총지출 식비	
생활용품	
교통유류비	
의류미용비	
여가활동비	
의료비	
총 기타 지출	
총 저축	
지출 합계	
총 수입	
이번 주 손익	

이번 주 소비 점수	점

다음 주 소비 계획과 다짐	

7월 결산

수입	이월 금액	예상 수입	실제 수입	차액
총합계	₩			

지출	내용	예산	실제 지출	차액
꿈지출	저축			
고정지출	주거비			
	관리비			
	공과금			
	통신비			
	교육비			
	교통유류비			
	보험료			
	용돈			
변동지출	식비			
	생활용품			
	의료비			
	의류미용비			
	여가활동비			
총합계		₩	₩	₩

7월의 손익은 얼마인가요?

수입(₩) - 지출(₩) = 총손익(₩)

7월 지출 평가와 다음 달 계획

이번 달 예상 외 지출이 있었나요?		이번 달 카드 대금	
항목1	원	카드	원
항목2	원	카드	원
항목3	원	카드	원
이번 달에 꼭 쓰지 않아도 될 지출이 있었나요?		카드	원
항목1	원	카드	원
항목2	원	카드	원
항목3	원	총	원

★ 이번 달에 아낄 수 있던 금액은 총 원입니다.

+ MONEY PLAN +

이번 달 절약 목표 셀프 피드백 하기

○ 이번 달 주요일정

○ 이번 달 절약 목표

MONDAY	TUESDAY	WEDNESDAY	THURSDA
2	3	4	5
9	10 말복	11	12
16	17	18	19
23 처서 /30	24 /31	25	26

FRIDAY	SATURDAY	SUNDAY
		1 음 06.23
	7 입추	8 음 07.01
	14 칠석	15 광복절
	21	22 음 07.15
	28	29

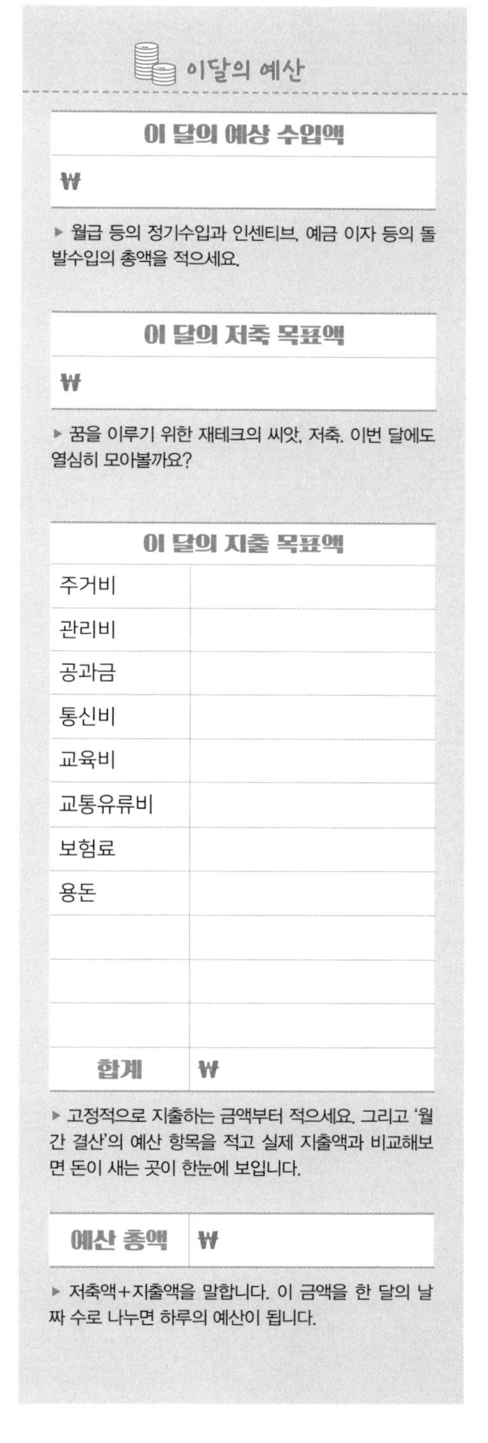

이달의 예산

이 달의 예상 수입액
₩

▸ 월급 등의 정기수입과 인센티브, 예금 이자 등의 돌발수입의 총액을 적으세요.

이 달의 저축 목표액
₩

▸ 꿈을 이루기 위한 재테크의 씨앗, 저축. 이번 달에도 열심히 모아볼까요?

이 달의 지출 목표액	
주거비	
관리비	
공과금	
통신비	
교육비	
교통유류비	
보험료	
용돈	
합계	₩

▸ 고정적으로 지출하는 금액부터 적으세요. 그리고 '월간 결산'의 예산 항목을 적고 실제 지출액과 비교해보면 돈이 새는 곳이 한눈에 보입니다.

예산 총액	₩

▸ 저축액+지출액을 말합니다. 이 금액을 한 달의 날짜 수로 나누면 하루의 예산이 됩니다.

	26 / MON	27 / TUE	28 / WED	29 / THU
오늘 예산	₩	₩	₩	₩
식비				
생활용품				
교통유류비				
의류미용비				
여가활동비				
의료비				
기타 지출				
저축				
지출 합계	₩	₩	₩	₩
수입				
예산 잔액				

오늘의 소비 점수	점	점	점	
이번 주 소비 한 줄 평가하기				

30 / FRI	31 / SAT	1 / SUN
	₩	₩
	₩	₩
점	점	점

MEMO

주간 결산	
이번 주 예산	₩
총지출 식비	
생활용품	
교통유류비	
의류미용비	
여가활동비	
의료비	
총 기타 지출	
총 저축	
지출 합계	
총 수입	
이번 주 손익	
이번 주 소비 점수	점

다음 주 소비 계획과 다짐	

8월

	2 / MON	3 / TUE	4 / WED	5 / THU
오늘 예산	₩	₩	₩	₩
식비				
생활용품				
교통유류비				
의류미용비				
여가활동비				
의료비				
기타 지출				
저축				
지출 합계	₩	₩	₩	₩
수입				
예산 잔액				

오늘의 소비 점수	점	점	점	
이번 주 소비 한 줄 평가하기				

6 / FRI	7 / SAT	8 / SUN
	₩	₩
	₩	₩
점	점	점

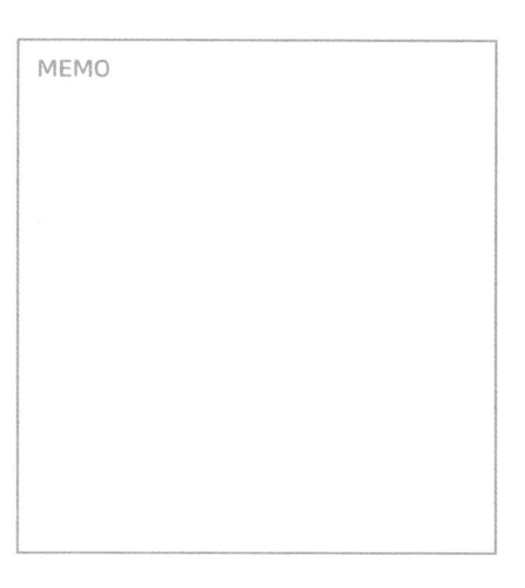

주간 결산	
이번 주 예산	₩
총지출 식비	
생활용품	
교통유류비	
의류미용비	
여가활동비	
의료비	
총 기타 지출	
총 저축	
지출 합계	
총 수입	
이번 주 손익	
이번 주 소비 점수	점

다음 주 소비 계획과 다짐	

8월

	9 / MON	10 / TUE	11 / WED	12 / THU
오늘 예산	₩	₩	₩	₩
식비				
생활용품				
교통유류비				
의류미용비				
여가활동비				
의료비				
기타 지출				
저축				
지출 합계	₩	₩	₩	₩
수입				
예산 잔액				

오늘의 소비 점수	점	점	점	
이번 주 소비 한 줄 평가하기				

13 / FRI	14 / SAT	15 / SUN
₩	₩	₩
₩	₩	₩
점	점	점

MEMO

주간 결산	
이번 주 예산	₩
총지출 식비	
생활용품	
교통유류비	
의류미용비	
여가활동비	
의료비	
총 기타 지출	
총 저축	
지출 합계	
총 수입	
이번 주 손익	

이번 주 소비 점수	점

다음 주 소비 계획과 다짐	

8월

	16 / MON	17 / TUE	18 / WED	19 / THU
오늘 예산	₩	₩	₩	₩
식비				
생활용품				
교통유류비				
의류미용비				
여가활동비				
의료비				
기타 지출				
저축				
지출 합계	₩	₩	₩	₩
수입				
예산 잔액				

오늘의 소비 점수	점	점	점	점
이번 주 소비 한 줄 평가하기				

20 / FRI	21 / SAT	22 / SUN
₩	₩	₩
₩	₩	₩
점	점	점

주간 결산	
이번 주 예산	₩
총지출 식비	
생활용품	
교통유류비	
의류미용비	
여가활동비	
의료비	
총 기타 지출	
총 저축	
지출 합계	
총 수입	
이번 주 손익	
이번 주 소비 점수	점

다음 주 소비 계획과 다짐	

8월

	23 / MON	24 / TUE	25 / WED	26 / THU
오늘 예산	₩	₩	₩	₩
식비				
생활용품				
교통유류비				
의류미용비				
여가활동비				
의료비				
기타 지출				
저축				
지출 합계	₩	₩	₩	₩
수입				
예산 잔액				

오늘의 소비 점수	점	점	점	
이번 주 소비 한 줄 평가하기				

27 / FRI	28 / SAT	29 / SUN
₩	₩	₩
₩	₩	₩
점	점	점

MEMO

주간 결산	
이번 주 예산	₩
총지출 식비	
생활용품	
교통유류비	
의류미용비	
여가활동비	
의료비	
총 기타 지출	
총 저축	
지출 합계	
총 수입	
이번 주 손익	

이번 주 소비 점수	점

다음 주 소비 계획과 다짐	

8월

	30 / MON	31 / TUE	1 / WED	2 / THU
오늘 예산	₩	₩	₩	₩
식비				
생활용품				
교통유류비				
의류미용비				
여가활동비				
의료비				
기타 지출				
저축				
지출 합계	₩	₩	₩	₩
수입				
예산 잔액				

오늘의 소비 점수	점	점	점	
이번 주 소비 한 줄 평가하기				

3 / FRI	4 / SAT	5 / SUN
₩	₩	₩
₩	₩	₩
점	점	점

MEMO

주간 결산	
이번 주 예산	₩
총지출 식비	
생활용품	
교통유류비	
의류미용비	
여가활동비	
의료비	
총 기타 지출	
총 저축	
지출 합계	
총 수입	
이번 주 손익	

이번 주 소비 점수	점

다음 주 소비 계획과 다짐	

8월

8월 결산

수입	이월 금액	예상 수입	실제 수입	차액
총합계	₩			

지출	내용	예산	실제 지출	차액
꿈지출	저축			
고정지출	주거비			
	관리비			
	공과금			
	통신비			
	교육비			
	교통유류비			
	보험료			
	용돈			
변동지출	식비			
	생활용품			
	의료비			
	의류미용비			
	여가활동비			
	총합계	₩	₩	₩

8월의 손익은 얼마인가요?

수입(₩) - 지출(₩) = 총손익(₩)

8월 지출 평가와 다음 달 계획

이번 달 예상 외 지출이 있었나요?			이번 달 카드 대금	
항목1		원	카드	원
항목2		원	카드	원
항목3		원	카드	원
이번 달에 꼭 쓰지 않아도 될 지출이 있었나요?			카드	원
항목1		원	카드	원
항목2		원	카드	원
항목3		원	총	원

★ 이번 달에 아낄 수 있던 금액은 총 원입니다.

+ MONEY PLAN +

이번 달 절약 목표 셀프 피드백 하기

○ 이번 달 주요일정

○ 이번 달 절약 목표

MONDAY	TUESDAY	WEDNESDAY	THURSDA
		1 음 07.25	2
6	7 음 08.01 백로	8	9
13 음 08.07	14	15	16
20	21 음 08.15 추석	22	23 추분
27 음 08.21	28	29	30

FRIDAY	SATURDAY	SUNDAY
	4	5
	11	12
	18	19
	25	26

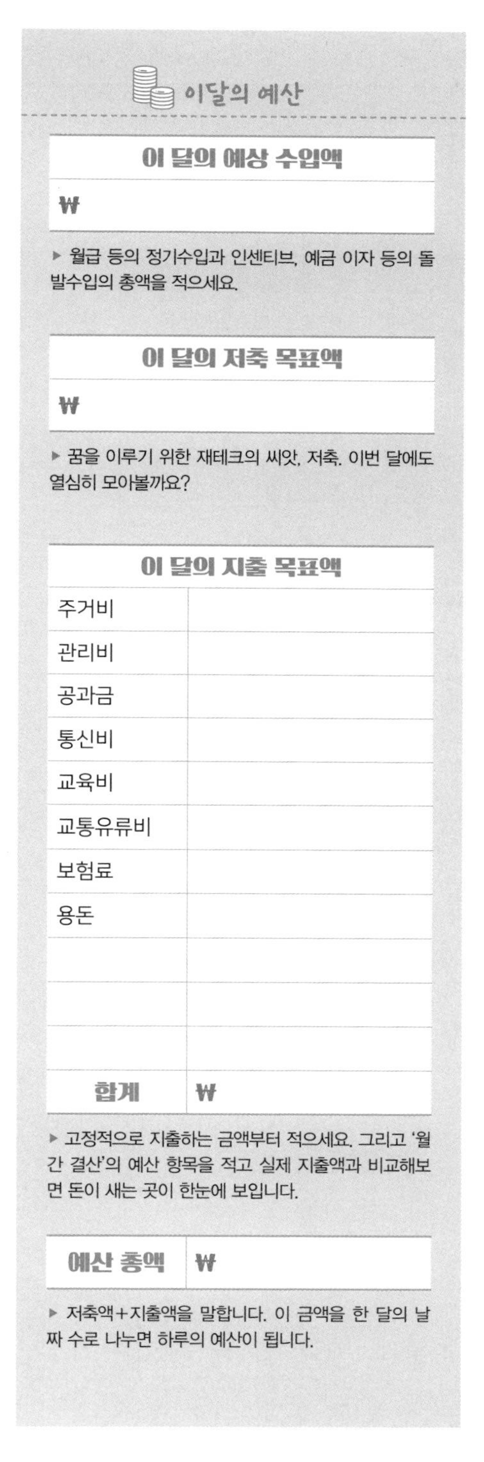

이달의 예산

이 달의 예상 수입액
₩

▸ 월급 등의 정기수입과 인센티브, 예금 이자 등의 돌발수입의 총액을 적으세요.

이 달의 저축 목표액
₩

▸ 꿈을 이루기 위한 재테크의 씨앗, 저축. 이번 달에도 열심히 모아볼까요?

이 달의 지출 목표액	
주거비	
관리비	
공과금	
통신비	
교육비	
교통유류비	
보험료	
용돈	
합계	₩

▸ 고정적으로 지출하는 금액부터 적으세요. 그리고 '월간 결산'의 예산 항목을 적고 실제 지출액과 비교해보면 돈이 새는 곳이 한눈에 보입니다.

예산 총액	₩

▸ 저축액+지출액을 말합니다. 이 금액을 한 달의 날짜 수로 나누면 하루의 예산이 됩니다.

	30 / MON	31 / TUE	1 / WED	2 / THU
오늘 예산	₩	₩	₩	₩
식비				
생활용품				
교통유류비				
의류미용비				
여가활동비				
의료비				
기타 지출				
저축				
지출 합계	₩	₩	₩	₩
수입				
예산 잔액				

오늘의 소비 점수	점	점	점	점
이번 주 소비 한 줄 평가하기				

3 / FRI	4 / SAT	5 / SUN
₩	₩	₩
₩	₩	₩
점	점	점

09
SEPTEMBER

MEMO

주간 결산	
이번 주 예산	₩
총지출 식비	
생활용품	
교통유류비	
의류미용비	
여가활동비	
의료비	
총 기타 지출	
총 저축	
지출 합계	
총 수입	
이번 주 손익	
이번 주 소비 점수	점

다음 주 소비 계획과 다짐	

9월

	6 / MON	7 / TUE	8 / WED	9 / THU
오늘 예산	₩	₩	₩	₩
식비				
생활용품				
교통유류비				
의류미용비				
여가활동비				
의료비				
기타 지출				
저축				
지출 합계	₩	₩	₩	₩
수입				
예산 잔액				

오늘의 소비 점수	점	점	점	점
이번 주 소비 한 줄 평가하기				

10 / FRI	11 / SAT	12 / SUN
₩	₩	₩
₩	₩	₩
점	점	점

09
SEPTEMBER

MEMO

주간 결산	
이번 주 예산	₩
총지출 식비	
생활용품	
교통유류비	
의류미용비	
여가활동비	
의료비	
총 기타 지출	
총 저축	
지출 합계	
총 수입	
이번 주 손익	
이번 주 소비 점수	점

다음 주 소비 계획과 다짐	

9월

	13 / MON	14 / TUE	15 / WED	16 / THU
오늘 예산	₩	₩	₩	₩
식비				
생활용품				
교통유류비				
의류미용비				
여가활동비				
의료비				
기타 지출				
저축				
지출 합계	₩	₩	₩	₩
수입				
예산 잔액				

오늘의 소비 점수	점	점	점	
이번 주 소비 한 줄 평가하기				

17 / FRI	18 / SAT	19 / SUN
₩	₩	₩
₩	₩	₩
점	점	점

09
SEPTEMBER

MEMO

주간 결산	
이번 주 예산	₩
총지출 식비	
생활용품	
교통유류비	
의류미용비	
여가활동비	
의료비	
총 기타 지출	
총 저축	
지출 합계	
총 수입	
이번 주 손익	
이번 주 소비 점수	점

다음 주 소비 계획과 다짐	

	20 / MON	21 / TUE	22 / WED	23 / THU
오늘 예산	₩	₩	₩	₩
식비				
생활용품				
교통유류비				
의류미용비				
여가활동비				
의료비				
기타 지출				
저축				
지출 합계	₩	₩	₩	₩
수입				
예산 잔액				

오늘의 소비 점수	점	점	점	
이번 주 소비 한 줄 평가하기				

24 / FRI	25 / SAT	26 / SUN
₩	₩	₩
₩	₩	₩
점	점	점

MEMO

주간 결산	
이번 주 예산	₩
총지출 식비	
생활용품	
교통유류비	
의류미용비	
여가활동비	
의료비	
총 기타 지출	
총 저축	
지출 합계	
총 수입	
이번 주 손익	
이번 주 소비 점수	점

다음 주 소비 계획과 다짐	

9월

	27 / MON	28 / TUE	29 / WED	30 / THU
오늘 예산	₩	₩	₩	₩
식비				
생활용품				
교통유류비				
의류미용비				
여가활동비				
의료비				
기타 지출				
저축				
지출 합계	₩	₩	₩	₩
수입				
예산 잔액				

오늘의 소비 점수	점	점	점	
이번 주 소비 한 줄 평가하기				

1 / FRI	2 / SAT	3 / SUN
₩	₩	₩
₩	₩	₩
점	점	점

09
SEPTEMBER

MEMO

주간 결산	
이번 주 예산	₩
총지출 식비	
생활용품	
교통유류비	
의류미용비	
여가활동비	
의료비	
총 기타 지출	
총 저축	
지출 합계	
총 수입	
이번 주 손익	

이번 주 소비 점수	점

다음 주 소비 계획과 다짐	

9월

9월 결산

수입	이월 금액	예상 수입	실제 수입	차액
총합계	₩			

지출	내용	예산	실제 지출	차액
꿈지출	저축			
고정지출	주거비			
	관리비			
	공과금			
	통신비			
	교육비			
	교통유류비			
	보험료			
	용돈			
변동지출	식비			
	생활용품			
	의료비			
	의류미용비			
	여가활동비			
	총합계	₩	₩	₩

9월의 손익은 얼마인가요?

수입(₩) - 지출(₩) = 총손익(₩)

9월 지출 평가와 다음 달 계획

이번 달 예상 외 지출이 있었나요?			이번 달 카드 대금		
항목1		원	카드		원
항목2		원	카드		원
항목3		원	카드		원
이번 달에 꼭 쓰지 않아도 될 지출이 있었나요?			카드		원
항목1		원	카드		원
항목2		원	카드		원
항목3		원	총		원

★ 이번 달에 아낄 수 있던 금액은 총 원입니다.

+ MONEY PLAN +

이번 달 절약 목표 셀프 피드백 하기

2021년 3분기 결산

▸ 7~9월까지의 수입, 지출 내역을 정리해보세요.

수입	이월 금액	예상 수입	실제 수입	차액
총합계	₩			

지출	내용	예산	실제 지출	차액
꿈지출	저축			
고정지출	주거비			
	관리비			
	공과금			
	통신비			
	교육비			
	교통유류비			
	보험료			
	용돈			
변동지출	식비			
	생활용품			
	의료비			
	의류미용비			
	여가활동비			
총합계		₩	₩	₩

3분기의 손익은 얼마인가요?

수입(₩) - 지출(₩) = 총손익(₩)

3분기 지출 평가하기

이번 분기에 가장 큰 지출은 무엇인가요?		비고
항목1	원	
항목2	원	
항목3	원	

이번 분기에 가장 아까운 지출은 무엇인가요?		비고
항목1	원	
항목2	원	
항목3	원	

✎ 이번 분기의 지출 내용에 대한 평가와 다짐을 적어보세요.

2021 올해의 목표 중간 점검하기

2021년 목표 금액	3분기까지 모은 금액	남은 금액

✎ 올해의 목표 달성을 위한 중간 평가와 다짐을 적어보세요.

○ 이번 달 주요일정

○ 이번 달 절약 목표

MONDAY	TUESDAY	WEDNESDAY	THURSDA
4	5	6 음 09.01	7
11	12	13	14
18	19	20 음 09.15	21
25	26	27	28

FRIDAY	SATURDAY	SUNDAY
.25	2	3 개천절
	9 한글날	10
	16	17
	23 상강	24
	30	31

이달의 예산

이 달의 예상 수입액
₩

▶ 월급 등의 정기수입과 인센티브, 예금 이자 등의 돌발수입의 총액을 적으세요.

이 달의 저축 목표액
₩

▶ 꿈을 이루기 위한 재테크의 씨앗, 저축. 이번 달에도 열심히 모아볼까요?

이 달의 지출 목표액	
주거비	
관리비	
공과금	
통신비	
교육비	
교통유류비	
보험료	
용돈	
합계	₩

▶ 고정적으로 지출하는 금액부터 적으세요. 그리고 '월간 결산'의 예산 항목을 적고 실제 지출액과 비교해보면 돈이 새는 곳이 한눈에 보입니다.

예산 총액	₩

▶ 저축액+지출액을 말합니다. 이 금액을 한 달의 날짜 수로 나누면 하루의 예산이 됩니다.

	27 / MON	28 / TUE	29 / WED	30 / THU
오늘 예산	₩	₩	₩	₩
식비				
생활용품				
교통유류비				
의류미용비				
여가활동비				
의료비				
기타 지출				
저축				
지출 합계	₩	₩	₩	₩
수입				
예산 잔액				

오늘의 소비 점수	점	점	점	점
이번 주 소비 한 줄 평가하기				

1 / FRI	2 / SAT	3 / SUN
₩	₩	₩
₩	₩	₩
점	점	점

10
OCTOBER

MEMO

주간 결산	
이번 주 예산	₩
총지출 식비	
생활용품	
교통유류비	
의류미용비	
여가활동비	
의료비	
총 기타 지출	
총 저축	
지출 합계	
총 수입	
이번 주 손익	
이번 주 소비 점수	점

다음 주 소비 계획과 다짐	

10월

	4 / MON	5 / TUE	6 / WED	7 / THU
오늘 예산	₩	₩	₩	₩
식비				
생활용품				
교통유류비				
의류미용비				
여가활동비				
의료비				
기타 지출				
저축				
지출 합계	₩	₩	₩	₩
수입				
예산 잔액				

오늘의 소비 점수	점	점	점	
이번 주 소비 한 줄 평가하기				

8 / FRI	9 / SAT	10 / SUN
₩	₩	₩
₩	₩	₩
점	점	점

10
OCTOBER

MEMO

주간 결산	
이번 주 예산	₩
총지출 식비	
생활용품	
교통유류비	
의류미용비	
여가활동비	
의료비	
총 기타 지출	
총 저축	
지출 합계	
총 수입	
이번 주 손익	
이번 주 소비 점수	점

다음 주 소비 계획과 다짐	

10월

	11 / MON	12 / TUE	13 / WED	14 / THU
오늘 예산	₩	₩	₩	₩
식비				
생활용품				
교통유류비				
의류미용비				
여가활동비				
의료비				
기타 지출				
저축				
지출 합계	₩	₩	₩	₩
수입				
예산 잔액				

오늘의 소비 점수	점	점	점	
이번 주 소비 한 줄 평가하기				

15 / FRI	16 / SAT	17 / SUN
₩	₩	₩
₩	₩	₩
점	점	점

10
OCTOBER

MEMO

주간 결산	
이번 주 예산	₩
총지출 식비	
생활용품	
교통유류비	
의류미용비	
여가활동비	
의료비	
총 기타 지출	
총 저축	
지출 합계	
총 수입	
이번 주 손익	

이번 주 소비 점수	점

다음 주 소비 계획과 다짐	

	18 / MON	19 / TUE	20 / WED	21 / THU
오늘 예산	₩	₩	₩	₩
식비				
생활용품				
교통유류비				
의류미용비				
여가활동비				
의료비				
기타 지출				
저축				
지출 합계	₩	₩	₩	₩
수입				
예산 잔액				

오늘의 소비 점수	점	점	점	점
이번 주 소비 한 줄 평가하기				

22 / FRI	23 / SAT	24 / SUN
₩	₩	₩
₩	₩	₩
점	점	점

10
OCTOBER

MEMO

주간 결산	
이번 주 예산	₩
총지출 식비	
생활용품	
교통유류비	
의류미용비	
여가활동비	
의료비	
총 기타 지출	
총 저축	
지출 합계	
총 수입	
이번 주 손익	
이번 주 소비 점수	점

다음 주 소비 계획과 다짐	

10월

	25 / MON	26 / TUE	27 / WED	28 / THU
오늘 예산	₩	₩	₩	₩
식비				
생활용품				
교통유류비				
의류미용비				
여가활동비				
의료비				
기타 지출				
저축				
지출 합계	₩	₩	₩	₩
수입				
예산 잔액				

오늘의 소비 점수	점	점	점	
이번 주 소비 한 줄 평가하기				

10
OCTOBER

29 / FRI	30 / SAT	31 / SUN
₩	₩	₩
₩	₩	₩
점	점	점

MEMO

주간 결산	
이번 주 예산	₩
총지출 식비	
생활용품	
교통유류비	
의류미용비	
여가활동비	
의료비	
총 기타 지출	
총 저축	
지출 합계	
총 수입	
이번 주 손익	

이번 주 소비 점수	점

다음 주 소비 계획과 다짐	

10월

10월 결산

수입	이월 금액	예상 수입	실제 수입	차액
총합계	₩			

지출	내용	예산	실제 지출	차액
꿈지출	저축			
고정지출	주거비			
	관리비			
	공과금			
	통신비			
	교육비			
	교통유류비			
	보험료			
	용돈			
변동지출	식비			
	생활용품			
	의료비			
	의류미용비			
	여가활동비			
	총합계	₩	₩	₩

10월의 손익은 얼마인가요?

수입(₩) - 지출(₩) = 총손익(₩)

10월 지출 평가와 다음 달 계획

이번 달 예상 외 지출이 있었나요?		이번 달 카드 대금	
항목1	원	카드	원
항목2	원	카드	원
항목3	원	카드	원
이번 달에 꼭 쓰지 않아도 될 지출이 있었나요?		카드	원
항목1	원	카드	원
항목2	원	카드	원
항목3	원	총	원

★ **이번 달에 아낄 수 있던 금액은 총 원입니다.**

+ MONEY PLAN +

이번 달 절약 목표 셀프 피드백 하기

○ 이번 달 주요일정

○ 이번 달 절약 목표

MONDAY	TUESDAY	WEDNESDAY	THURSDAY
1 음 09.27	2	3	4
8	9	10	11
15	16	17	18
22 소설	23	24	25
29	30		

FRIDAY	SATURDAY	SUNDAY
.01	6	7 입동
	13	14
0.15	20	21
	27	28

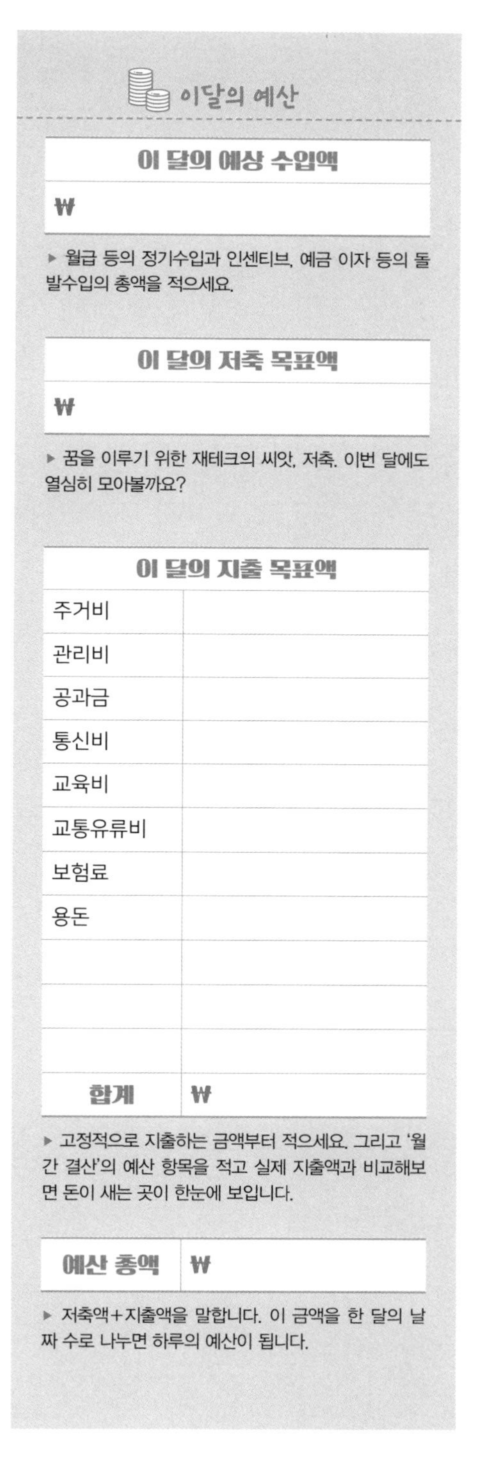

이달의 예산

이 달의 예상 수입액
₩

▸ 월급 등의 정기수입과 인센티브, 예금 이자 등의 돌발수입의 총액을 적으세요.

이 달의 저축 목표액
₩

▸ 꿈을 이루기 위한 재테크의 씨앗, 저축. 이번 달에도 열심히 모아볼까요?

이 달의 지출 목표액	
주거비	
관리비	
공과금	
통신비	
교육비	
교통유류비	
보험료	
용돈	
합계	₩

▸ 고정적으로 지출하는 금액부터 적으세요. 그리고 '월간 결산'의 예산 항목을 적고 실제 지출액과 비교해보면 돈이 새는 곳이 한눈에 보입니다.

예산 총액	₩

▸ 저축액+지출액을 말합니다. 이 금액을 한 달의 날짜 수로 나누면 하루의 예산이 됩니다.

	1 / MON	2 / TUE	3 / WED	4 / THU
오늘 예산	₩	₩	₩	₩
식비				
생활용품				
교통유류비				
의류미용비				
여가활동비				
의료비				
기타 지출				
저축				
지출 합계	₩	₩	₩	₩
수입				
예산 잔액				

오늘의 소비 점수	점	점	점	점
이번 주 소비 한 줄 평가하기				

11
NOVEMBER

5 / FRI	6 / SAT	7 / SUN
₩	₩	₩
₩	₩	₩
점	점	점

MEMO

주간 결산	
이번 주 예산	₩
총지출 식비	
생활용품	
교통유류비	
의류미용비	
여가활동비	
의료비	
총 기타 지출	
총 저축	
지출 합계	
총 수입	
이번 주 손익	
이번 주 소비 점수	점

다음 주 소비 계획과 다짐	

11월

	8 / MON	9 / TUE	10 / WED	11 / THU
오늘 예산	₩	₩	₩	₩
식비				
생활용품				
교통유류비				
의류미용비				
여가활동비				
의료비				
기타 지출				
저축				
지출 합계	₩	₩	₩	₩
수입				
예산 잔액				

오늘의 소비 점수	점	점	점	점
이번 주 소비 한 줄 평가하기				

12 / FRI	13 / SAT	14 / SUN
	₩	₩
	₩	₩
점	점	점

11
NOVEMBER

MEMO

주간 결산	
이번 주 예산	₩
총지출 식비	
생활용품	
교통유류비	
의류미용비	
여가활동비	
의료비	
총 기타 지출	
총 저축	
지출 합계	
총 수입	
이번 주 손익	
이번 주 소비 점수	점

다음 주 소비 계획과 다짐	

	15 / MON	16 / TUE	17 / WED	18 / THU
오늘 예산	₩	₩	₩	₩
식비				
생활용품				
교통유류비				
의류미용비				
여가활동비				
의료비				
기타 지출				
저축				
지출 합계	₩	₩	₩	₩
수입				
예산 잔액				

오늘의 소비 점수	점	점	점	
이번 주 소비 한 줄 평가하기				

19 / FRI	20 / SAT	21 / SUN
	₩	₩
	₩	₩
점	점	점

MEMO

주간 결산	
이번 주 예산	₩
총지출 식비	
생활용품	
교통유류비	
의류미용비	
여가활동비	
의료비	
총 기타 지출	
총 저축	
지출 합계	
총 수입	
이번 주 손익	
이번 주 소비 점수	점

다음 주 소비 계획과 다짐	

11월

	22 / MON	23 / TUE	24 / WED	25 / THU
오늘 예산	₩	₩	₩	₩
식비				
생활용품				
교통유류비				
의류미용비				
여가활동비				
의료비				
기타 지출				
저축				
지출 합계	₩	₩	₩	₩
수입				
예산 잔액				

오늘의 소비 점수	점	점	점	
이번 주 소비 한 줄 평가하기				

26 / FRI	27 / SAT	28 / SUN
₩	₩	₩
₩	₩	₩
점	점	점

MEMO

주간 결산	
이번 주 예산	₩
총지출 식비	
생활용품	
교통유류비	
의류미용비	
여가활동비	
의료비	
총 기타 지출	
총 저축	
지출 합계	
총 수입	
이번 주 손익	
이번 주 소비 점수	점

다음 주 소비 계획과 다짐	

11월

	29 / MON	30 / TUE	1 / WED	2 / THU
오늘 예산	₩	₩	₩	₩
식비				
생활용품				
교통유류비				
의류미용비				
여가활동비				
의료비				
기타 지출				
저축				
지출 합계	₩	₩	₩	₩
수입				
예산 잔액				

오늘의 소비 점수	점	점	점	
이번 주 소비 한 줄 평가하기				

3 / FRI	4 / SAT	5 / SUN
₩	₩	₩
₩	₩	₩
점	점	점

11
NOVEMBER

MEMO

주간 결산	
이번 주 예산	₩
총지출 식비	
생활용품	
교통유류비	
의류미용비	
여가활동비	
의료비	
총 기타 지출	
총 저축	
지출 합계	
총 수입	
이번 주 손익	

이번 주 소비 점수	점

다음 주 소비 계획과 다짐	

11월

11월 결산

수입	이월 금액	예상 수입	실제 수입	차액
총합계	₩			

지출	내용	예산	실제 지출	차액
꿈지출	저축			
고정지출	주거비			
	관리비			
	공과금			
	통신비			
	교육비			
	교통유류비			
	보험료			
	용돈			
변동지출	식비			
	생활용품			
	의료비			
	의류미용비			
	여가활동비			
	총합계	₩	₩	₩

11월의 손익은 얼마인가요?

수입(₩) - 지출(₩) = 총손익(₩)

11월 지출 평가와 다음 달 계획

이번 달 예상 외 지출이 있었나요?		이번 달 카드 대금	
항목1	원	카드	원
항목2	원	카드	원
항목3	원	카드	원
이번 달에 꼭 쓰지 않아도 될 지출이 있었나요?		카드	원
항목1	원	카드	원
항목2	원	카드	원
항목3	원	총	원

★ 이번 달에 아낄 수 있던 금액은 총 원입니다.

+ MONEY PLAN +

이번 달 절약 목표 셀프 피드백 하기

○ 이번 달 주요일정

○ 이번 달 절약 목표

MONDAY	TUESDAY	WEDNESDAY	THURSDAY
		1 음 10.27	2
6	7 대설	8	9
13	14	15	16
20	21	22 동지	23
27	28	29	30

FRIDAY	SATURDAY	SUNDAY
	4 음 11.01	5
	11	12
	18 음 11.15	19
	25 성탄절	26

이달의 예산

이 달의 예상 수입액
₩

▶ 월급 등의 정기수입과 인센티브, 예금 이자 등의 돌발수입의 총액을 적으세요.

이 달의 저축 목표액
₩

▶ 꿈을 이루기 위한 재테크의 씨앗, 저축. 이번 달에도 열심히 모아볼까요?

이 달의 지출 목표액	
주거비	
관리비	
공과금	
통신비	
교육비	
교통유류비	
보험료	
용돈	
합계	₩

▶ 고정적으로 지출하는 금액부터 적으세요. 그리고 '월간 결산'의 예산 항목을 적고 실제 지출액과 비교해보면 돈이 새는 곳이 한눈에 보입니다.

예산 총액	₩

▶ 저축액+지출액을 말합니다. 이 금액을 한 달의 날짜 수로 나누면 하루의 예산이 됩니다.

	29 / MON	30 / TUE	1 / WED	2 / THU
오늘 예산	₩	₩	₩	₩
식비				
생활용품				
교통유류비				
의류미용비				
여가활동비				
의료비				
기타 지출				
저축				
지출 합계	₩	₩	₩	₩
수입				
예산 잔액				

오늘의 소비 점수	점	점	점	
이번 주 소비 한 줄 평가하기				

3 / FRI	4 / SAT	5 / SUN
₩	₩	₩
₩	₩	₩
점	점	점

12
DECEMBER

MEMO

주간 결산	
이번 주 예산	₩
총지출 식비	
생활용품	
교통유류비	
의류미용비	
여가활동비	
의료비	
총 기타 지출	
총 저축	
지출 합계	
총 수입	
이번 주 손익	
이번 주 소비 점수	점

다음 주 소비 계획과 다짐	

12월

	6 / MON	7 / TUE	8 / WED	9 / THU
오늘 예산	₩	₩	₩	₩
식비				
생활용품				
교통유류비				
의류미용비				
여가활동비				
의료비				
기타 지출				
저축				
지출 합계	₩	₩	₩	₩
수입				
예산 잔액				

오늘의 소비 점수	점	점	점	
이번 주 소비 한 줄 평가하기				

10 / FRI	11 / SAT	12 / SUN
₩	₩	₩
₩	₩	₩
점	점	점

12
DECEMBER

MEMO

주간 결산	
이번 주 예산	₩
총지출 식비	
생활용품	
교통유류비	
의류미용비	
여가활동비	
의료비	
총 기타 지출	
총 저축	
지출 합계	
총 수입	
이번 주 손익	
이번 주 소비 점수	점

다음 주 소비 계획과 다짐	

	13 / MON	14 / TUE	15 / WED	16 / THU
오늘 예산	₩	₩	₩	₩
식비				
생활용품				
교통유류비				
의류미용비				
여가활동비				
의료비				
기타 지출				
저축				
지출 합계	₩	₩	₩	₩
수입				
예산 잔액				

오늘의 소비 점수	점	점	점	점
이번 주 소비 한 줄 평가하기				

17 / FRI	18 / SAT	19 / SUN
₩	₩	₩
₩	₩	₩

12
DECEMBER

MEMO

주간 결산	
이번 주 예산	₩
총지출 식비	
생활용품	
교통유류비	
의류미용비	
여가활동비	
의료비	
총 기타 지출	
총 저축	
지출 합계	
총 수입	
이번 주 손익	

점	점	점	이번 주 소비 점수	점
다음 주 소비 계획과 다짐				

	20 / MON	21 / TUE	22 / WED	23 / THU
오늘 예산	₩	₩	₩	₩
식비				
생활용품				
교통유류비				
의류미용비				
여가활동비				
의료비				
기타 지출				
저축				
지출 합계	₩	₩	₩	₩
수입				
예산 잔액				

오늘의 소비 점수	점	점	점	
이번 주 소비 한 줄 평가하기				

24 / FRI	25 / SAT	26 / SUN
₩	₩	₩
₩	₩	₩
점	점	점

12
DECEMBER

MEMO

주간 결산	
이번 주 예산	₩
총지출 식비	
생활용품	
교통유류비	
의류미용비	
여가활동비	
의료비	
총 기타 지출	
총 저축	
지출 합계	
총 수입	
이번 주 손익	
이번 주 소비 점수	점

다음 주 소비 계획과 다짐	

12월

	27 / MON	28 / TUE	29 / WED	30 / THU
오늘 예산	₩	₩	₩	₩
식비				
생활용품				
교통유류비				
의류미용비				
여가활동비				
의료비				
기타 지출				
저축				
지출 합계	₩	₩	₩	₩
수입				
예산 잔액				

오늘의 소비 점수	점	점	점	
이번 주 소비 한 줄 평가하기				

31 / FRI	1 / SAT	2 / SUN
₩	₩	₩
₩	₩	₩

점	점	점

12
DECEMBER

MEMO

주간 결산	
이번 주 예산	₩
총지출 식비	
생활용품	
교통유류비	
의류미용비	
여가활동비	
의료비	
총 기타 지출	
총 저축	
지출 합계	
총 수입	
이번 주 손익	

이번 주 소비 점수	점

다음 주 소비 계획과 다짐	

12월 결산

수입	이월 금액	예상 수입	실제 수입	차액
총합계	₩			

지출	내용	예산	실제 지출	차액
꿈지출	저축			
고정지출	주거비			
	관리비			
	공과금			
	통신비			
	교육비			
	교통유류비			
	보험료			
	용돈			
변동지출	식비			
	생활용품			
	의료비			
	의류미용비			
	여가활동비			
	총합계	₩	₩	₩

12월의 손익은 얼마인가요?

수입(₩) - 지출(₩) = 총손익(₩)

12월 지출 평가와 다음 달 계획

이번 달 예상 외 지출이 있었나요?		이번 달 카드 대금	
항목1	원	카드	원
항목2	원	카드	원
항목3	원	카드	원
이번 달에 꼭 쓰지 않아도 될 지출이 있었나요?		카드	원
항목1	원	카드	원
항목2	원	카드	원
항목3	원	총	원

★ 이번 달에 아낄 수 있던 금액은 총 원입니다.

+ MONEY PLAN +

이번 달 절약 목표 셀프 피드백 하기

2021년 4분기 결산

▸ 10～12월까지의 수입, 지출 내역을 정리해보세요.

수입	이월 금액	예상 수입	실제 수입	차액
총합계	₩			

지출	내용	예산	실제 지출	차액
꿈지출	저축			
고정지출	주거비			
	관리비			
	공과금			
	통신비			
	교육비			
	교통유류비			
	보험료			
	용돈			
변동지출	식비			
	생활용품			
	의료비			
	의류미용비			
	여가활동비			
	총합계	₩	₩	₩

4분기의 손익은 얼마인가요?

수입(₩) - 지출(₩) = 총손익(₩)

4분기 지출 평가하기

이번 분기에 가장 큰 지출은 무엇인가요?		비고
항목1	원	
항목2	원	
항목3	원	

이번 분기에 가장 아까운 지출은 무엇인가요?		비고
항목1	원	
항목2	원	
항목3	원	

✐ 이번 분기의 지출 내용에 대한 평가와 다짐을 적어보세요.

2021 올해의 목표 최종 점검하기

2021년 목표 금액	4분기까지 모은 금액	남은 금액

✐ 올해의 목표 달성에 대한 최종 평가를 적어보세요.

2021년 열심히 모은 우리 집 총자산

항목		금액	비고
현금성 자산	현금/수표		
금융자산	적금		
	예금		
	주식		
	펀드		
	채권		
합계		₩	
부동산	자가		
	전월세 보증금		
합계		₩	
기타 자산	빌려준 돈		
	승용차		
합계		₩	
부채	대출금		
	주택대출		
	자동차할부금		
합계		₩	
총자산		₩	
순자산		₩	

※ 총자산은 부채를 포함한 자산의 합, 순자산은 총자산에서 총부채를 뺀 값입니

2021년 차곡차곡 모은 우리 집 저축 내역

저축명						
은행						
계좌번호						
이름						
가입일						
만기일						
이율						
만기금액						
월 저축금액	1월					
	2월					
	3월					
	4월					
	5월					
	6월					
	7월					
	8월					
	9월					
	10월					
	11월					
	12월					
총 저축액						

우리 가족의 든든한 보험 내역

피보험자	보험명	보험료	결제일	계약일	만기일

2021년 우리 집 공과금/관리비 내역

구분 / 월	전기요금	수도요금	가스요금	관리비			총액
1월							
2월							
3월							
4월							
5월							
6월							
7월							
8월							
9월							
10월							
11월							
12월							
총계							

하루라도 빨리 갚아야 할 대출 내역

대출기관	원금	이율	월상환금	납입일	만기일	잔액

2021년 우리 집 통신비 내역

구분 / 월	인터넷	TV	핸드폰1	핸드폰2			총액
1월							
2월							
3월							
4월							
5월							
6월							
7월							
8월							
9월							
10월							
11월							
12월							
총계							

2021년 수입과 지출 총 결산

구분 / 월		1월	2월	3월	4월	5월	6월
수입	월 소득						
지출	주거비						
	관리비						
	공과금						
	통신비						
	교육비						
	교통유류비						
	보험료						
	용돈						
	식비						
	생활용품						
	의료비						
	의류미용비						
	여가활동비						
	합계						
	잔액						

올해 총 수입	

7월	8월	9월	10월	11월	12월	합계

총 지출 원

잔액 원

한눈에 보는 수입과 지출 그래프

▸ 올해 우리 집 수입과 지출 금액을 그래프로 그려보면서 돈의 흐름을 한눈에 살펴보세요.

▸ 수입과 지출 단위는 우리 집 상황에 맞게 직접 빈칸에 기입하여 사용합니다.

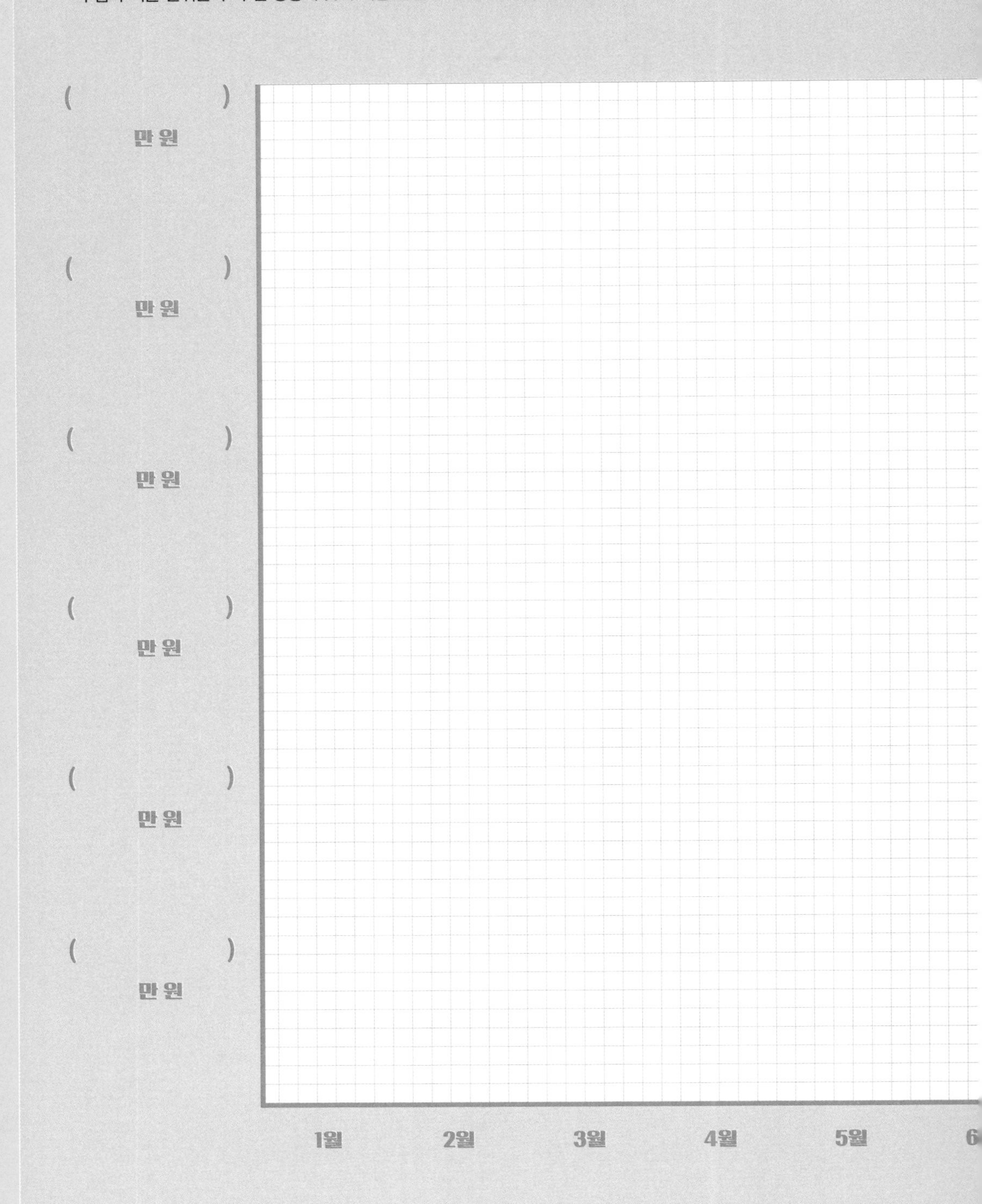

8월
9월
10월
11월
12월

2021 월급쟁이 부자들 가계부

초판 1쇄 인쇄 2020년 9월 10일 **초판 1쇄 발행** 2020년 9월 17일

지은이 월급쟁이 부자들 카페

펴낸이 연준혁

편집 1본부 본부장 배민수

편집 6부서 부서장 정낙정

책임편집 강소라

디자인 채미

펴낸곳 ㈜위즈덤하우스 **출판등록** 2000년 5월 23일 제13-1071호

주소 경기도 고양시 일산동구 정발산로 43-20 센트럴프라자 6층

전화 031)936-4000 **팩스** 031)903-3893 **홈페이지** www.wisdomhouse.co.kr

ISBN 978-89-98010-93-5 13590

이 도서의 국립중앙도서관 출판예정도서목록(CIP)은 서지정보유통지원시스템 홈페이지(http://seoji.nl.go.kr)와 국가자료종합목록시스템(http://www.nl.go.kr/kolisnet)에서 이용하실 수 있습니다. (CIP제어번호: CIP2020031768)